眨眼之间

Blink:

The Power of Thinking Without Thinking

[加]
马尔科姆 · 格拉德威尔
（Malcolm Gladwell）著
靳婷婷 译

中信出版集团 | 北京

图书在版编目（CIP）数据

眨眼之间 / (加) 马尔科姆·格拉德威尔著; 靳婷婷译. -- 3 版. -- 北京 : 中信出版社, 2020.9（2022.6重印）

书名原文：Blink : The Power of Thinking Without Thinking

ISBN 978-7-5217-2001-3

Ⅰ. ①眨… Ⅱ. ①马… ②靳… Ⅲ. ①决策（心理学）—通俗读物 Ⅳ. ① B842.5-49

中国版本图书馆 CIP 数据核字（2020）第 112672 号

眨眼之间

著　　者：[加] 马尔科姆·格拉德威尔
译　　者：靳婷婷
出版发行：中信出版集团股份有限公司
（北京市朝阳区惠新东街甲 4 号富盛大厦 2 座　邮编　100029）
承 印 者：北京诚信伟业印刷有限公司

开　　本：880mm × 1230mm　1/32　　印　　张：10　　字　　数：217 千字
版　　次：2020 年 9 月第 3 版　　印　　次：2022 年 6 月第 2 次印刷
京权图字：01–2011–3003
书　　号：ISBN 978–7–5217–2001–3
定　　价：69.00 元

献给我的父母，

乔伊丝和格雷厄姆·格拉德威尔

马尔科姆·格拉德威尔还著有

《引爆点》

《异类》

《逆转》

《大开眼界》

《陌生人效应》

推荐词

马尔科姆·格拉德威尔的这部关于快速判断的专著非常具有吸引力，定能启发一众读者……作者在《眨眼之间》中展现了极佳的文笔，阅读本书实为一种乐趣。作为格拉德威尔最成功的作品之一，《眨眼之间》中有对我们所处的世界和我们自身的令人惊异的见解，有让你一读难忘的理念，也有你迫不及待想要分享给朋友们的东西。

——法哈德·曼约，《沙龙》

当我翻开《眨眼之间》的第一页时，我就决定通宵读完这本书……在曲折而精彩的叙述中，格拉德威尔用逸闻趣事来支撑和发展那些发人深省的理论……虽说不能仅凭封面就评判一本书的好坏，但格拉德威尔这本书从一开始就吸引了我，并且让我忍不住一口气读完了它。

——詹妮弗·里斯，《娱乐周刊》

格拉德威尔的文字是既活泼又严肃的，他有着极佳的天赋，总能找出各种新奇的例子来佐证他的观点。

——珍妮特·马斯林，《纽约时报》

这本书会带给你一次极为有趣的阅读体验……格拉德威尔在书中描写了无数精彩的逸闻趣事……他有一项独一无二的能力——用短小精悍的语言总结复杂的概念。

——马克·考特尼，《芝加哥论坛报》

书中的内容超级有趣……格拉德威尔真是一个讲故事的奇才。他像是一位掌管奇闻逸事的“千手观音”，无所不知、全副武装，能够从人类社会各个领域搜罗奇闻异事。

——列夫 · 格罗斯曼，《时代》周刊

格拉德威尔在他的故事中注入了足够独特的人性维度，以保持数据的平衡性和观点的启发性……他对一个极具前瞻性的主题给予了高度的重视，这可能会激发我们反思近代以来一些值得注意的，也许存在问题的决策方法。

——克里斯 · 纳弗拉迪尔，《波士顿环球报》

这本书真的是太了不起了……马尔科姆 · 格拉德威尔对好故事有独到的眼光。在《眨眼之间》里，好故事一个接着一个……这本书将会成为时代潮流的一部分。

——托马斯 · 荷马–迪克森，《多伦多环球邮报》

阅读这本书会给人带来一种愉快又发人深省的体验……《眨眼之间》里全都是引人入胜的实验，几乎是“恳求”着你照做一遍。

——詹姆斯 · F. 斯威尼，《克利夫兰诚报》

在此提醒所有精于数学计算、擅长数据分析、钻研一般信息的人，《眨眼之间》可能不是你喜欢的那类书——但除此以外的其他人应该都会爱上本书的。

——塞恩 · 罗森鲍姆，《洛杉矶时报》

格拉德威尔是一位最擅长细节描写的作家。他在《纽约客》做记者时就展露出了一项独特的天赋——可以从看似普通的事物中找出人之所以为人的宝贵经验。

——马克·阿斯特奇斯，《芝加哥太阳时报》

格拉德威尔出色地阐明了在思维世界中我们极为依赖却鲜少分析的一个方面，也就是我们瞬间决断或进行快速判断的能力……这本书读来颇具启发性、前瞻性和趣味性。

——多纳·西曼，《书目》

《眨眼之间》是由一个接一个的有趣的故事组成的一本书……格拉德威尔在这本书中描写了一系列极具吸引力的信息和现象，令人眼花缭乱……如果你相信我的快速判断，那就买它——你会读得很开心的。

——大卫·布鲁克斯，《纽约时报书评》

这本书的内容十分令人叹服……《眨眼之间》读来让人心满意足……这本书以精妙的案例研究、与之巧妙融合在一起的心理学实验和解释，以及数个不同现象之间令人意想不到的联结为特色内容，这也正是格拉德威尔的招牌写作风格，让人印象深刻。

——霍沃德·加德纳，《华盛顿邮报》

马尔科姆·格拉德威尔对社会科学的贡献等同于斯蒂芬·霍金对理论物理学的贡献……格拉德威尔用一系列精妙绝伦的案例来支撑他的观点，将科学数据融入引人入胜的文字之中。

——吉尔·斯比茨纳斯，《波特兰论坛半周报》

这本书将带给你一次具有前瞻性和启发性的阅读体验……被格拉德威尔这样一位富有求知欲和洞察力的向导带领着探索快速认知的领域，实为一件乐事。

——罗斯玛丽·M. 马吉，《亚特兰大宪章报》

格拉德威尔先生是一位才华横溢的故事讲述者，他总能在其所到之处发现令人难忘的人物和轻松愉快的逸闻。

——乔治·安德斯，《华尔街日报》

格拉德威尔将奇闻异事和研究结果整合成了一个革命性论点，在这个过程中，既有预想之中的反对意见，也包含了他的个人常识。《眨眼之间》巩固了他在科学和文化交叉领域中的“最具魅力的作家”这一身份。

——多纳·鲍曼，《洋葱视听俱乐部》

格拉德威尔的新书延续了《引爆点》一书的优点：清晰的语言、人性化的设计、令人大开眼界的科学研究。

——杰夫·萨拉蒙，《奥斯汀美国政治家报》

马尔科姆·格拉德威尔是继年轻时期的汤姆·沃尔夫（Tom Wolfe）以来最具创意的美国记者，他的这本新书将会改变人们看待自身思维方式的方式……格拉德威尔拥有罕见的才能，能化平凡为神奇，将看似毫不相干的主题联系起来，并举重若轻地颠覆传统……新闻学教授总会提醒学生们，不要把某人或某事描写得太过独特——但格拉德威尔却可以做到这一点。没有人能写出他所写的那种故事，因为没有人能够像他那样思考问题……将科学研究写成门外汉也能轻松掌握的知识，格拉德威尔的这项才华无人能及。如果美国的中学教材能有他作品一半的吸引力就好了。

——肯·福森，《巴尔的摩太阳报》

对于那些对科学、人性，甚至商业感兴趣的“门外懒汉”来说，格拉德威尔已经成为他们的理想型作家。他做到了寓教于乐，将难懂的研究理论和晦涩的术语一一解开，融入到引人入胜的故事中去。

——瑞贝卡·德恩，《西雅图邮讯报》

格拉德威尔在书中讲述了一系列精彩的逸闻趣事和科学研究，非常值得一读，同时也为针对思考的探究提供了全新的视角。

——莫·吉利斯，《常春月刊》

《眨眼之间》以一种兼收并蓄、寓教于乐、信息充裕的方式呈现了逸闻趣事和心理学研究的融合。

——霍沃德·哈勒，《纽约消费导刊》

格拉德威尔是我们这个时代最伟大的知识普及者之一，他能够萃取最具煽动性的概念，并将之注入主流文化中……这部作品内容丰富，充满令人惊异的观点。读的时候不要眨眼，否则你可能会错过某些信息。

——克里斯·塔克尔，《达拉斯晨报》

这是一本令人信服的、富有力量的书……《眨眼之间》勾勒出一幅内容丰富、层次分明的人类决策过程图，十分值得一读……广博的资源、清晰的语言，使格拉德威尔能从美国人方方面面的经验中提炼并传递出最生动的故事来。

——达米安·基尔比，《波特兰俄勒冈人报》

格拉德威尔通过运用新闻技巧将科学事实变得超级有趣。

——《图书馆杂志》

这是一本十分有意思的书……这本书会让你思考你是如何思考的。

——威廉·迪特里希，《西雅图时报》

只看了三页，《眨眼之间》就牢牢地吸引了我。

——罗伯特·拉拉茨，《罗利新闻观察报》

格拉德威尔是一位头脑清晰、极具观察力且十分有趣的作者……《眨眼之间》会让读者连声叫道："天啊！不会吧！"

——马特·克伦森，美联社

马尔科姆·格拉德威尔的新书趣味性十足。格拉德威尔能够把每个故事都讲得很精彩。

——卡林·罗曼诺，《费城询问报》

格拉德威尔写得很有意思，这部关于逻辑的作品读来令人愉快，它告诉我们，想得太多可能反而会给你带来麻烦。这本书信息量丰富、相当有趣。

——罗格·哈里斯，《纽瓦克明星纪事报》

（何珊　译）

1

2

3

4

沃伦·哈丁假象：我们为何会对高挑而黝黑的俊男倾心 057

我们的直觉在我们的经历和环境中产生，这意味着，通过改变构成直觉的经历与环境，我们便可以改变我们的直觉。

保罗·范里佩尔之大获全胜：为自发行为定框架 085

瞬间决断之所以能在瞬间做出，是由于它的简洁明了。如果想要捍卫自己瞬间决断的能力，我们就得采取措施，删繁就简。

5

6

肯纳的窘境：如何了解人们的需求 131

当我们在某一方面修炼到登堂入室的程度时，我们的品位会变得越发专业、越发让外行难以理解，也就是说，只有专家才能对自己反馈的信息和看法负起责任。

布朗克斯区的七秒：心智解读的精妙艺术 173

误读他人心思的事情时有发生，这些是造成无数政治分歧和误解伤害的罪魁祸首。然而，由于这些洞悉他人心思的失误是如此短暂和难以捉摸，我们并不知道该对这些错误做何理解。

结尾

序言

别扭的雕像

1983 年 9 月的一天，一个名叫詹弗兰科 · 波切那的艺术品经销商与加利福尼亚的 J. 保罗 · 盖蒂博物馆的工作人员接洽，自称有一尊公元前 6 世纪的大理石雕像。这是一尊少年立像：一个裸身直立的少年，左腿前迈，双臂垂于身体两侧。现存的古希腊少年立像仅有 200 尊左右，其中被追回的绝大多数要么已遭严重损坏，要么已在墓穴或古迹挖掘的过程中支离破碎了。但是，这尊将近 7 英尺[①]高的雕像却保存得几乎完好无损，像身淡淡的光泽也使之与其他文物颇为不同，真可谓一项了不起的杰作。波切那开出的价格直逼 1 000 万美元。

盖蒂博物馆的工作人员态度十分谨慎。他们借来这尊少年立像，并展开了细致而缜密的调查工作。这尊雕像是否与其他已知的少年立像的特征吻合呢？答案似乎是肯定的。这尊雕像的风格使人联想

---

① 1 英尺约为 0.3 米。——编者注

到雅典国家考古博物馆收藏的《阿纳维索斯的库罗斯》[①]（*Anavyssos Kouros*），也就是说，此雕像的制作年代和地点与人们的推测相符。另外，雕像是在何时何地出土的呢？具体细节无人知晓，但波切那向盖蒂博物馆的法务部门出具了一沓有关雕像近期背景的文件。文件显示，此雕像是瑞士内科医师劳芬布格尔从赫赫有名的希腊艺术品经销商鲁索斯处购买的，自 20 世纪 30 年代以来，一直被收为个人珍藏。

一位名叫斯坦利·马戈利斯的加利福尼亚大学地质学家来到博物馆。他使用一台高清立体显微镜，花了两天的时间来检查雕像的表面。接着，他从雕像右膝下方取下一块直径 1 厘米、长 2 厘米的样本，并使用电子显微镜、电子微探针、质谱测定法、X 射线衍射仪以及 X 射线荧光光谱仪对其进行了分析。他最后得出的结论是：此雕像使用的材料是白云质大理石。这种大理石来自希腊萨索斯岛上一个名叫瓦锡角的古老的露天采石场，雕像表面还覆盖着一层薄薄的方解石。马戈利斯告诉盖蒂博物馆的工作人员，这是一项了不起的发现，因为白云石转化为方解石需要成百上千年。换句话说，这尊雕像历时已久，绝非近期制造的赝品。

盖蒂博物馆的工作人员对这一答复十分满意。于是，在展开对该立像的调查的 14 个月后，他们一致同意，买下这尊雕像，并于 1986 年秋季首次将其面向公众展出。《纽约时报》以头版对此事进行了报

---

① 此作品为希腊古风时期大理石雕像，高 194 厘米，因出土于雅典近郊阿纳维索斯，故名。“库罗斯”意为“小伙子”，是 5 世纪以前希腊雕塑中青年男子人体的通称。——编者注

道。几个月后，盖蒂博物馆的古代艺术馆馆长玛丽昂·特鲁（Marion True）就此雕像撰写了一篇热情洋溢的长篇叙述，并将其刊登在艺术期刊《伯灵顿杂志》上："虽无外力的支撑，这尊少年立像仍笔直挺立，像中少年握拳的双手紧贴大腿，具有顶级的少年立像所特有的自信和生机。"在文章结尾处，特鲁情绪激昂地赞扬道："无论像中少年是神还是人，它都将西方艺术成熟阶段那蓬勃的生机展现得淋漓尽致。"

但是，这尊少年立像有点问题：它看上去不大对劲。第一个指出问题的，是时任盖蒂博物馆理事会委员的意大利美术史学家费德里科·泽里（Federico Zeri）。1983 年 12 月，泽里受邀赴博物馆的文物修复工作室参观立像。不知不觉间，他的目光停留在像中少年的指甲上。虽然一时间难以名状，但他发觉这指甲看上去颇为别扭。第二个发现问题的，是全球首屈一指的希腊雕塑专家伊夫琳·哈里森（Evelyn Harrison）。盖蒂博物馆决定购买波切那的雕像前不久，她就在洛杉矶参观过该展馆。"时任馆长的阿瑟·霍顿（Arthur Houghton）带我们去看立像，"她回忆道，"他唰的一下把覆在立像上的一块布掀开，说：'看，这尊雕像现在还不是我们的，但几周后就属于我们了。'然后我说：'很遗憾听到这个消息。'"哈里森当时看到了什么？她自己也说不清楚。在霍顿掀掉布的那一瞬间，哈里森心中出现一种感觉，那是一种什么东西不太对头的直觉。几个月后，霍顿又偕纽约大都会艺术博物馆的前馆长托马斯·霍温（Thomas Hoving）来到盖蒂的修复工作室参观立像。每当看到新的艺术品时，霍温总会将头脑中闪现的第一个词记录下来。而初见该少年立像时他脑海中浮现的词，他至今记忆犹新。他回忆说："那个词是'新'。""新"，这可不是面对一尊有两千年历史的雕像时应有的反应啊。事后，霍温经过一番琢磨才悟出产生这一闪念的缘由："我在西西里岛进行过挖掘工作，并找到了一些文物的残片，那些刚出土的残片和这尊立像看上去相去甚远。这尊立像就好像是在星巴克最上乘的拿铁咖啡里泡过似的。"

霍温转向霍顿："你们已经付过钱了吗？"

据霍温回忆，霍顿当时一脸错愕。

"如果付过钱了，就想办法把钱要回来；"霍温说道，"如果还没付，就不要买。"

盖蒂博物馆方开始发愁了。他们围绕希腊雕塑召开了一场专题研讨会，并将立像包裹好，运送到雅典，召集希腊最资深的雕塑专家进行研究。这次，令人泄气的消息更加不绝于耳了。

一次，雅典卫城博物馆的馆长乔治·迪斯佩尼斯（George Despinis）与哈里森站在一起，他只看了立像一眼，脸色立刻就变白了。他告诉哈里森："任何一个见过出土雕塑的人都能看出，这尊立像从没被埋在土里过。"雅典考古协会的会长乔治斯·顿塔斯（Georgios Dontas）见到立像后只觉浑身发冷，他说："第一次看见立像时，我感觉我们之间仿佛隔着一层玻璃。"在顿塔斯之后发言的是雅典贝纳基博物馆主管安耶洛斯·迪里夫瑞亚斯（Angelos Delivorrias），他详尽阐述了立像的风格与其材料来自萨索斯岛这两个因素之间的相悖之处。接下来，他切入了主题：何以认为立像是赝品呢？他说，当他第一次将目光停留在立像上时，他感到了一股"直觉产生的厌恶感"。研讨会收尾时，众多出席者似乎意见统一：这尊立像绝非先前人们所想的那样已有两千多年的历史了。盖蒂博物馆及其律师和科学研究者历经几个月的苦心研究，最终得出了一个结论；而几位全球最权威的希腊雕塑专家，仅仅通过目测和“直觉产生的厌恶感”，便得出了一个与盖蒂博物馆大相径庭的结论。究竟孰是孰非呢？

答案一时不甚明朗，因为这尊少年立像本来就是各种研讨会上引起艺术专家争议的热点。然而，不久后，盖蒂博物馆立像一案逐渐真相大白。经查，那封被盖蒂博物馆一方的律师作为确定立像来源的瑞典内科医师的信件，其实是伪造的。其中，一封年份为 1952 年的信上所用的邮政编码，是在其后 20 年才启用的；另一封标明为 1955 年的信中所提到的银行账户，也直到 1963 年才开户。历经数月的调查研究，此前人们认定这尊少年立像的风格与《阿纳维索斯的库罗斯》同属一类的判断也站不住脚了：通过仔细检查，希腊雕塑专家们越发感到，这尊立像是一个来自不同时期和地域的多种风格拼凑而成的“大杂烩”。立像中的少年身材纤长，像极了慕尼黑一座博物馆中的《泰内亚少年立像》（*Tenea Kouros*）；而那独具风格的珠状发型，却又酷似纽约大都会艺术博物馆里的立像；至于其双脚，则属于现代的艺术风格。人们最后发现，与这尊立像最为相似的，是一尊由一位英国艺术史学家于 1990 年在瑞士发现的残缺不全的小型雕塑。这两尊雕塑使用的大理石原料材质相近，且制作手法如出一辙。但是，那尊发现于瑞士的立像并非源于古希腊，而是出自 20 世纪 80 年代初罗马的一家赝品作坊。那么，科学分析师的那番立像表层经由成百上千年演化而成的言论，又是怎么一回事呢？看来，事实并没有他之前所说的那么绝对。经过深入研究，另一位地理学家得出结论：只要使用土豆真菌，人们就可以在几个月的时间内将白云石雕像的表面“老化”。

在盖蒂博物馆的文物目录中，有一幅该立像的图片，旁边标注着：“约公元前 530 年，或为现代仿品。”

当费德里科·泽里、伊夫琳·哈里森、托马斯·霍温和乔治斯·顿塔斯等人看到立像并感觉到“直觉产生的厌恶感”时，毋庸置疑，他们是正确的。在短短两秒间，他们对雕像本质的理解，比盖蒂博物馆团队整整 14 个月的调查研究还深刻。

《眨眼之间》就是一本有关这两秒的书。

1. 多快好省

试想，我请你来玩一个非常简单的赌博游戏。你面前摆放着 4 副纸牌，其中 2 副为红色，另外 2 副为蓝色。这些纸牌中的每一张牌都有可能导致你赢得或输掉一笔钱，而你要做的，就是从这 4 副牌中任意翻牌，以求赢取最大收益。但在开始时，你并不知道红色纸牌其实是一个风险较大的雷区，其代表的赏金较高，但罚金也高；蓝色纸牌中的牌能为你循序渐进地带来 50 美元的不错收益，同时罚金也适中。说白了，只有从蓝色纸牌里抽牌，你才能赢到钱。但问题是，你需要多久才能搞清楚这个游戏规律呢？

几年前，艾奥瓦大学的一组科学家做了这项实验，他们发现，在翻开约 50 张牌后，大多数人都会对游戏的规律产生一种直觉。虽然并不明晰自己为何会倾向于选蓝色纸牌，但人们已十分确定，此种纸牌是较好的选择。在翻开大约 80 张牌后，大多数人都能够理解玄机所在，并能具体阐明为何红色纸牌不是赢钱的好选择了。个中道理显而易见：人们由经历产生思考，进而总结出理论，最终再将这一切联系起来。这就是我们学习的方法。

艾奥瓦大学的科学家们并未就此止步，而其接下来的实验也正是令人百思不得其解之处。科学家们将每个赌博者与一台机器连接，以监测他们手掌的皮下汗腺的活动情况。与我们身体上大部分的汗腺一样，手掌汗腺能够对压力和温度做出反应，这就是我们在紧张时手掌发潮的原因。艾奥瓦大学的科学家们发现，赌博者在翻开第 10 张牌时，就对红色纸牌表现出了压力反应，这比他们所陈述的对红色纸牌产生不祥预感的时间要早了 40 张牌。更为重要的是，赌博者的行为在手掌开始出汗之前就发生了变化：他们越发倾向于选蓝色的纸牌，从红色纸牌里抽取的牌逐渐变少了。也就是说，赌博者在意识到自己弄懂了游戏规律之前，其实就已经把游戏吃透了。远在从意识层面上理解应该采取哪些调整措施之前，他们其实已经做出了必要的调整。

诚然，这项实验仅仅是一个简单的纸牌游戏，只涉及了几个实验对象和一台压力探测器，但这不妨碍其成为揭示人们思维方式的一个强有力的示例。在这项实验创造出的场景中，赌注丰厚，事态疾如旋踵，参与者要在极短的时间内理解诸多闻所未闻、令人费解的信息。那么，此实验的意旨何在呢？这项实验实际上告诉我们，在与此实验类似的场景中，我们的大脑为了理解局势，会采取两种截然不同的策略。第一种我们最为熟悉，即运用意识，或者说思考我们所拥有的经验、知识，并从中得出答案。此策略需要我们翻出80张纸牌才能见效，因此，这虽然合乎逻辑且精确可靠，但却缓慢费时且需要大量信息。不过，我们还有第二种策略。此种策略耗时很少，在我们抽取10张牌后就开始生效了。除此之外，这种策略还很灵敏，几乎立马就能帮我们悟出红色纸牌中潜伏的危险。然而，这种策略有个弊端，其运作的过程——至少在刚开始时——全部是在意识层面之下完成的，其传递信息的渠道既不合常理又间接迂回（比如我们手掌的汗腺）。采用此策略时，我们的大脑还没来得及通知我们，就已擅自做出了决定。

伊夫琳·哈里森、托马斯·霍温以及希腊的专家们采取的就是上述两种策略中的后一种。他们并没有将能想到的所有数据一一权衡，而是仅仅分析了一瞥之间所能得出的信息。认知心理学家格尔德·吉格瑞泽（Gerd Gigerenzer）喜欢将这种思考方式称作“多快好省法”。仅仅通过一瞥，这些专家大脑的某些部分便立即完成了一系列演算。于是，在任何意识层面的想法浮出水面之前，这些人已经感觉到了什么，就如赌博者手掌出汗时突如其来的刺痒感一样。对于托马斯·霍温来说，带来这种感觉的是他脑海中突然闪现的“新”一词；对于安耶洛斯·迪里夫瑞亚斯来说，则是那股“直觉产生的厌恶感”；而对于乔治斯·顿塔斯，则是与立像之间犹如隔着一层玻璃的感受。这些人明白他们为何有这些感悟吗？他们当然无从知晓。但他们就是感受到了那种感觉。[1]

2. 人体计算机

上文所说的人类大脑中执行瞬间决断的部分被称为“适应性潜意识”，基于此种决策方式的研究已是心理学中最具影响力的新兴学科之一。切忌将这种适应性潜意识与西格蒙德·弗洛伊德所述的“潜意识”混淆。后者所讲的是一片昏暗浑浊之地，充满了恼人的欲望、记忆和幻象，超越了人们意识思考的范畴。而“适应性潜意识”这一新概念，则被人们看作一台伟大的计算机，它能迅捷而安静地处理海量的数据，以便于人类执行各种功能。试想，你走在街上，猛然发现一辆卡车正飞速逼近你，你有时间把所有选择从头到尾权衡一遍吗？当然没有。人类之所以能够存活至今，就是仰仗于这种进化而来的决策工具。通过这种能力，我们才得以根据极少的信息迅速做出判断。正如心理学家蒂莫西·D. 威尔逊（Timothy D.Wilson）在他的《最熟悉的陌生人》（*Strangers to Ourselves*）一书中所写的：“大脑将很大一部分高端而复杂的思考工作委托给了潜意识，从而达到运转的最优化模式。这正如一架先进的无人驾驶喷气式客机，无须或只需少量来自人类飞行员‘有意识的’指令，便能飞行。在帮助人们判断周围环境、警示危险、设立目标，以及精准而高速地采取行动等方面，适应性潜意识可谓高手。”

威尔逊说，我们会依据不同环境，在意识和潜意识的思考模式中来回转换。一个邀请同事来家里共进晚餐的决定出自意识层面。首先，你要进行慎重的思考，待你判断出这项活动是有趣的之后，你才会向对方发出邀请。同样还是这位同事，当你被对方激怒，并当即决定与其翻脸时，你的决定便出自潜意识层面。因为在这种情况下，你所使用的大脑区域有别于邀人共膳时所运用的部分，引发争执的原因也属于你人格中的另一个层面。[2]

无论是与人初次见面，对某求职者进行面试，对一个新的构想做出回应，还是面对在压力下迅速做出决定的挑战，我们总会用到涉及潜意识的大脑区域。举个例子，在上大学的时候，你用了多长时间判断你的教授是否是一个好老师？一节课？两节课？还是一个学期？心理学家纳里尼·安贝蒂（Nalini Ambady）曾发给学生们 3 盘关于某位教师的录像带，录像都经过消音处理，时长各为 10 秒。她发现，学生们能够轻而易举地对教师的教学质量做出评分。接下来，她将录像剪短到 5 秒，所得的评分并无差异。即便只观看 2 秒的录像，学生们做出的评分也与之前惊人地相似。之后，安贝蒂将这些学生瞬间做出的教师质量评分，与上过这些教师整整一学期课的学生所做的评分做了比较，发现两者几乎一模一样。一边是只看过一个素昧平生的教师 2 秒无声录像的学生，一边则是在这位教师课堂上待了整整一学期的学生，双方对教师所做的判断竟然大同小异。这就是我们适应性潜意识的强大之处。[3]

虽然你可能未曾留意，但你很可能有过类似的经历。第一次拿起这本书时，你将书在手里掂量了多长时间？是不是 2 秒？然而，就在这短暂的瞬间，书的封面设计、你对我的名字可能产生的联想，以及本书开头有关那尊少年立像的几句话，都会使你产生某种印象，五花八门的想法、画面和先入之见涌入你的大脑，进而引导着你读到这里。难道你不想解开这 2 秒的秘密吗？

我认为，从内心来说，人们对这种过于迅速的感知方式是持怀疑态度的。在这个世界上，我们认为决策的质量与做出决策所耗的时间和精力成正比。当面对疑难杂症无从诊断时，医生会要求病人做更多的检查；对听闻的消息拿捏不准时，我们会寻求别人的意见。看看我们是如何教育自己的孩子的吧。我们告诫他们："忙中出乱""三思而后行""静下来思考""人不可貌相"。我们认为，尽己所能地搜集信息、最大限度地深思熟虑，是屡试不爽的上策。我们只相信运用意识做出的决断，但其实有的时候，我们并不需要三思而后行，我们在仓促中做出的判断和第一印象，也不失为我们理解这个世界的一个更为得心应手的工具，尤其是在压力来袭的时候。《眨眼之间》一书的首要任务，就是要向你揭示这个浅显的事实：迅速做出的判断完全可以与绞尽脑汁、慎重思考后做出的决定媲美。

但是，《眨眼之间》并不单为直觉的力量大唱赞歌，本书对直觉背叛我们的现象也颇感兴趣。举例来说，如果人们不费吹灰之力就能识别出盖蒂博物馆的那尊少年立像是伪造的或至少是存在问题的，那么当初博物馆为何还会将其收购呢？在悉心研究立像的 14 个月中，盖蒂博物馆的专家们又缘何没有感受到直觉产生的厌恶感呢？这是盖蒂博物馆事件的一大谜团。谜底如下：出于某种原因，那些直觉受到了阻碍。从某些方面来说，运用科学手段得出的数据看上去很具说服力（那位名叫斯坦利·马戈利斯的地质学家对自己的分析深信不疑，他还在《科学美国人》杂志上发表了长篇论文，阐述了他的分析方法）[4]；而最重要的原因在于，盖蒂博物馆强烈希望那尊少年立像为真品。盖蒂博物馆是一家刚成立不久的博物馆，急于搜集一些世界级的展品，而那尊看似弥足珍贵的立像也因而恰好蒙蔽了专家们的直觉。在古雕塑领域举足轻重的专家恩斯特·朗格茨（Ernst Langlotz），曾与艺术史学家乔治·奥尔蒂斯（George Ortiz）接洽，问他是否有意购买一尊小铜像。奥尔蒂斯遂去观看铜像，不料却大吃一惊：在他看来，这尊雕像明显是一尊做工粗糙、漏洞百出的赝品。那么，在希腊雕塑领域殚见洽闻的朗格茨，又为何会看走了眼呢？奥尔蒂斯解释道，朗格茨在购买这尊铜像时资历尚浅，还未成为专业领域的泰斗。他说："我认为，朗格茨对这尊铜像掺杂着很深的感情。人们在年少时总会迷恋上自己的第一件所购之物，或许这尊铜像就是他的'初恋'吧。因此，尽管他学富五车，但显然还是没能发现这尊铜像的可疑之处。"

奥尔蒂斯的解释并不稀奇，它一语道破了人类思考方式中的一些基本规律。我们的潜意识虽然神通广大，但并非无往而不胜。这台人体计算机并非每次都能挺身而出，帮我们瞬间破译"真相"。潜意识也有力不从心之时，也会遭蒙蔽、受干扰。我们依靠直觉做出的反应往往需要与其他的利害关系、情绪感知相互抗衡。那么，我们何时应听信直觉，何时应谨慎提防呢？解答这个问题就是本书的第二个使命。当我们迅捷的认知系统出了问题时，其背后的原因往往是特定且有据可循的。我们可以鉴别和理解这些原因，并掌握听从和提防这台超级人体计算机的时机。

本书的第三个使命在于让读者相信，我们可以培养和控制我们的瞬间决断以及第一印象，而这也正是本书的重头戏。我知道这看似天方夜谭，虽然哈里森、霍温以及其他几位观察过盖蒂博物馆的那尊少年立像的艺术专家通过强烈的直觉反应洞见了问题症结，但是，这些反应难道不是从他们的潜意识中出人意料地自己冒出来的吗？我们是否能够掌控这种神秘莫测的反应呢？答案是肯定的。正如我们能够教会自己合乎逻辑而从容不迫地思考一样，我们亦能自学成才，提升自己瞬间决断的功力。在本书中，你将会读到医生、将军、教练、家具设计师、音乐家、演员、汽车销售员等形形色色的人的故事，这些人都是行业中的佼佼者，而让他们成功的因素之一，就是他们在塑造、管理以及培养潜意识反应上所下的功夫。瞬间决断力并非落在少数人头上的红运，而是一项人人都能够自行培养的技能。

3. 一个不同但更好的世界

有很多书致力于解决那些较为宽泛的话题，这些话题都在从大变动的角度分析世界。本书不属于这一类。《眨眼之间》关注的是我们日常生活中最不起眼的那些潜意识：当你刚认识一个人的时候，当你应对一种非常复杂的状况的时候，或是当你在压力下做出决策的时候所产生的那种瞬时的印象或直觉。一旦说到认识自我、认识世界，人们总是倾向于过多地关注那些宏观的大问题，而忽视了那些闪现的灵光。但是，倘若我们开始重视我们的直觉，会发生什么事？当我们用双眼审视世界，而不是用最高倍数的显微镜检查我们的决策方式和行为时，又会发生什么？我认为这会改变我们斗争的方式、审视书架上的作品的方式、观看我们制作的电影的方式、警察们训练的方式、夫妇讨论问题的方式、工作面试和培训的方式等。如果我们把这些小的改变综合起来，我们就会发现一个完全不同但更好的世界。在本书结尾时，我相信——我也希望你能像我一样相信——要想更好地认知我们自己以及我们的行为，我们就必须认识到，眨眼之间做出的决策与经过数月理性思考所做的决策的价值是一样的。“此前，我总是认为科学比直觉判断更客观，”当那尊少年立像的“身世之谜”真相大白时，盖蒂博物馆的古代艺术馆馆长玛丽昂·特鲁说，“现在我知道我错了。”[5]

1

薄片理论：
小知识，大不同

两个人的关系中也存在着一种“笔迹”，即一种不经意间自动显现的明显特征。无论是简单如敲出莫尔斯电码这样的小事，还是复杂如与人结为连理这样的大事，都有其可以识别且稳定如一的规律。

几年前的一天，一对年轻的夫妻来到了心理学家约翰·戈特曼（John Gottman）位于华盛顿大学的实验室。两人 20 岁出头，都是金发碧眼，顶着乱蓬蓬的时髦发型，戴着时尚的眼镜。我猜，在一番交流后，实验室的一些工作人员肯定会觉得这对夫妻不但招人喜欢、滑稽逗趣、机敏可爱，还有些让人哭笑不得，而这些特征也会在戈特曼为他们的到访而拍摄的视频上表现得淋漓尽致。其中，丈夫的举止顽皮可爱，而妻子则言辞犀利，有种不动声色的机智。我们且称他们为比尔和苏珊吧。

戈特曼放置实验器材的小房间，设在一幢普通的两层建筑物的二层。夫妻二人被领进屋，坐在两把相距约 5 英尺的办公椅上。两人的手指和耳朵上夹着电极感应器，以测量心率、出汗量，以及皮肤的温度。在放置椅子的突起的平台上，装有一台振荡器，用来测量两人各移动了多少距离。两台摄像机分别对准两人，以记录他们的言谈举止。两个人在运转的摄像机前独处了 15 分钟，并按照指示，任意选取一个在两人婚姻中引起争端的话题加以讨论。比尔和苏珊的问题出在宠物狗的身上。两人居住的公寓很狭小，却养了一只大型犬，比尔不喜欢那只狗，但苏珊喜欢。于是，在15分钟的时间里，两人展开了讨论，商议解决方案。

比尔和苏珊的对话视频，看起来不过是夫妻间常有的平淡无奇的谈话。没有人发火，没有人失态，更没有人豁然顿悟什么真理。首先发话的是比尔，他的声音十分平静："我就是个不爱狗的人。"接着，他又埋怨了几句，但埋怨的对象是狗，并没有针对苏珊。苏珊也同样发了几句牢骚。有的时候，两人好像浑然不知自己是在争辩似的，比如，当谈到狗身上是否有异味时，比尔和苏珊的嘴角都挂着浅浅的微笑，你一句我一句地打起趣来。

苏　珊：亲爱的，它不臭啊……

比　尔：你最近有没有闻过它啊？

苏　珊：闻过啊，它挺香的呢。我还摸了它呢，摸完之后我的手既不难闻也不油腻。你的手也从没有因为摸它而变得油乎乎过，好不好。

比　尔：拜托！有啊。

苏　珊：我才不会让我家狗狗油腻腻的呢。

比　尔：拜托，这怎么可能！它是狗啊。

苏　珊：我的狗绝不会有油味。你最好说话悠着点。

比　尔：不，你才该悠着点。

苏　珊：不，你才该小心点……不许你说我的狗狗有油味。

1. 爱情实验室

看完苏珊与比尔 15 分钟的录像后，你觉得我们能对两人的婚姻有多少了解？我们能否推测这段感情是否会顺利发展？我猜大多数人可能会认为，比尔和苏珊有关狗的谈话并没有提供多少信息。这段谈话太过简短了，而婚姻则要经受来自金钱、性、孩子、工作和至亲反复无常地轮番轰炸。夫妻两人在一起，有时会如胶似漆，有时会炮火连天，而有时虽然一时间简直想将对方千刀万剐，但度假归来后却又像新婚夫妻一样缠绵了。人们觉得，要想“了解”一对情侣，就必须得花费数周、数月的时间，把两人开心、疲倦、气愤、厌烦、愉悦，以及精神崩溃等状态观察个遍，绝不能仅凭比尔和苏珊那种放松的闲聊状态就妄下定论。看来，想要准确推测如一段婚姻将何去何从这等大事，我们必须不遗余力地从众多领域搜集各种信息才行。

但是，约翰·戈特曼已经证实，我们实在无须如此大费周章。他的“爱情实验室”位于华盛顿大学的校园里，自 20 世纪 80 年代起，他已经将 3 000 多对类似比尔和苏珊的夫妻带进了实验室中的那间小屋。戈特曼有一套代码系统，他将其命名为“SPAFF”[①]。此系统包括 20 个代码，分别对应夫妻在沟通中可能出现的各种情绪。首先，工作人员会为每对夫妻拍摄录像，再依据 SPAFF 系统加以分析。其中，“反感”的代码为 1，“蔑视”为 2，“气愤”为 7，“戒备”为 10，“埋怨”为 11，“伤心”为 12，“一言不发”为 13，“含糊其词”为 14，依此类推。

---

① SPAFF 即“特定情绪”（specific affect）的简写。——译者注

在戈特曼的指导下，工作人员学会了阅读人们表情的细微变化，也学会了如何诠释对话中的模棱两可之处。观看录像时，他们会为夫妻每一秒的交流指定一个 SPAFF 代码。由此，一段 15 分钟的争执会衍生出一串由 1 800 个代码组成的数据，其中，夫妻双方各占 900 个代码。举例来说，“7，7，14，10，11，11”这样一组代码表示，在 6 秒的时间段内，夫妻中的一方先是感受到了一闪而过的气愤，然后含糊其词，接着起了戒备之心，最后发起牢骚来。接下来，代码破译人员依照电极感应器上的数据，得出夫妻中的一方何时心跳加速、何时体温升高，以及何时在座椅上左右摇晃等信息，然后将这些信息代入一个复杂的等式之中。

根据上述计算，戈特曼获得了一项重大发现：通过分析一对夫妻长达 1 小时的交流，他便能够以 95% 的准确率，预测出 15 年后两人是否会离婚；通过观看 15 分钟的录像，他的准确率则在 90% 上下。后来，与戈特曼共事的西比尔·卡雷尔（Sybil Carrère）教授随意看了几盘录像带，想尝试着设计一个新的研究项目。她发现，仅靠观看 3 分钟的夫妻交流视频，工作人员仍能够以相当惊人的准确率，预测出哪些婚姻会面临破裂、哪些会成功。用来了解一段婚姻的时间可以如此短暂，这是人们始料未及的。[1]

约翰·戈特曼是一个个子不高的中年男士，他长着一双猫头鹰般犀利的眼睛，头发花白，胡须修剪得整整齐齐。他魅力超凡，总能与人相谈甚欢，每当谈到让他兴奋的话题时，他的眼睛便闪闪发亮，显得更加炯炯有神了。在越战期间，他出于人道主义拒服兵役。时至今日，他的身上仍带有 20 世纪 60 年代嬉皮士的范儿，比如他那顶时而扣在犹太编织圆帽上的红军帽。他的研究领域是心理学，但他也在麻省理工学院学习过数学。显然，数学的严谨精确对他的影响很大。在接受我的采访时，戈特曼刚刚出版了他的呕心沥血之作—— 一篇信息量庞大、名为《离婚中的数学》（*The Mathematics of Divorce*）的 500 页专题论文。他在一张餐巾纸上涂涂画画，试图帮我理解他论文中的论点，而我却被五花八门的等式和即兴而为的图画搞得云里雾里。

本书所讲到的，是我们的潜意识中冒出的想法和做出的决策，而戈特曼这个人物在书中可能显得有点格格不入：他的思考方式并没有涉及直觉，他的决断也不是在瞬间做出的。他只是坐在电脑前面，煞费苦心地分析录像的每一秒罢了，这是典型的运用意识深思熟虑的思考方式。而实际上，我们可以从戈特曼那里学到有关“薄片分析法”（thin-slicing）的许多相关知识。“薄片分析法”是“快速认知”的一个重要组成部分，“快速认知”是指人们通过极少的经验即可理解事物和行为规律的潜意识能力。伊夫琳·哈里森见到立像时曾脱口而出：“很遗憾听到这个消息。”当时她所用的，就是薄片分析法；在仅抽取了 10 张牌后，艾奥瓦大学实验中的赌博者便对红色纸牌产生了压力反应，也是相同的道理。

潜意识之所以如此吸引人们的眼球，其中不乏薄片分析法的助力。然而，薄片分析法也是快速认知中最困扰我们的难题。在短暂的时间内，要搜集到精确判断所必需的所有信息，这怎么可能办到呢？答案是，当我们的潜意识进入薄片分析模式时，我们所做的，其实跟戈特曼与他的录像一样。只不过，我们的思考属于潜意识层面，并且是在一种自动、高速的状态下完成的。一段婚姻真的能在瞬间被破译吗？答案是肯定的，并且其他许多看似纷繁复杂的事情亦然，而戈特曼的做法恰恰可以为我们指点迷津。

2. 婚姻与莫尔斯电码

在戈特曼的实验室里，有一个名叫安伯·塔贝尔斯的研究生，她是一个训练有素的 SPAFF 代码编写员。我和她坐在比尔和苏珊待过的房间里，一起在监视屏上观看了这对夫妻交流的录像。首先发话的是比尔，他说他喜欢两人以前养的狗，但就是对新养的狗提不起劲来。他的话语间并无愠怒和敌意，看来，他是发自内心地想要表达自己的感情。

塔贝尔斯告诉我，如果听得仔细些，我们就会发现比尔明显存有戒备之心。在 SPAFF 语言中，比尔使用的是交相指责和“是……不过……”的招数，即先表示同意，然后反悔。我们发现，在两人谈话的前 66 秒中，比尔有 40 秒都处于戒备状态；而当比尔发话时，苏珊很迅速地翻了几次白眼——这是蔑视的典型表现。接着，比尔谈到他对狗圈的不满，苏珊在回应时双眼紧闭，以居高临下、指责训教的口吻作答。比尔说他不想在起居室里放圈栏，苏珊则说“我不想为这个起争执”，然后又翻了一次白眼——又一个蔑视的表现。“你看，”塔贝尔斯说，“又是蔑视。谈话才刚刚开始，我们就已经看到，男方几乎一直处于戒备状态，而女方已经翻了好几次白眼了。”

在谈话进行时，两人都没有表现出强烈的敌意。偶尔有微妙的情绪闪过时，塔贝尔斯便会暂停录像，给我指出来。有些夫妻在争吵时会大动干戈，但这两人却远远没有那么外露。比尔抱怨说，因为担心狗会在家里捣乱，两人总是不得不早早回家，狗已然成为他们社交生活的绊脚石。苏珊否认了这一说法，争论道："它就算啃东西，也只是在我们离开后的前15分钟里啃。"比尔看似同意了，他轻轻点了点头，说："是啊，我知道。"然后又补充道："我知道这可能不合情理，但我就是不想养这只狗。"

塔贝尔斯指着录像说："比尔先是说'是啊，我知道'，但实际上是用了'是……不过……'那一招。虽然他对苏珊表示出认同，但接下来却说他不喜欢那只狗。他实际上是存有戒心的。我一直在想，他人可真好啊，一直在委曲求全。但我后来明白了，他用的是'是……不过……'的手段，别人一不小心就会被他骗了。"

比尔继续说道："你得承认我已经改进了很多了。这周的我比上周、上上周都有所进步。"

塔贝尔斯又发话了："在研究新婚夫妻的录像的时候，我们发现在后来离婚的夫妻中，一方要求得到夸奖和认可，但另一方却不肯给予的情况时有发生；而在相处融洽的夫妻二人中，一方会在听取对方的话后赞同地说：'你是对的。'这一点很重要。人们在点头说'嗯'或'是'的时候，所表达的是支持和鼓励，但在整段录像中，苏珊却没有一次这样的表达，这一点是我们直到编码完毕时才发现的。"

塔贝尔斯接着说道："说来也奇怪，他们在进屋时，并没有让我们觉得两人的关系有不和之处。拍摄完成后，工作人员让他们观看了那段录像，他们觉得整段录像都非常滑稽。从某种意义上来说，他们的关系还是不错的。但我还是不能确定。他们当时不像结婚很久的样子，应该还处在甜蜜期呢。老实说，苏珊太过固执己见了。表面上，他们争论的问题好像是狗，但苏珊在两人矛盾中的寸步不让，才是真正的问题。从长远来看，这种心态可能会对婚姻造成重创。我在想，他们能不能跨过七年之痒这道坎？两人之间的感情到底够不够积极？因为，看似积极的东西往往并非表象所示。”

塔贝尔斯着眼的是夫妻关系的哪些因素呢？用专业的术语来解释，她所衡量的，是正面与负面的情绪各占多少比例。因为，据戈特曼调查，一段婚姻若想延续，则婚姻中的积极情绪与消极情绪之比至少要达到 5∶1。通俗来说，塔贝尔斯在短暂的录像中所寻找的，是比尔和苏珊婚姻的规律模式。因为戈特曼著作的中心论点就在于，所有婚姻都有其独特的模式，而我们可以从所有重要的交流互动中，发现这种模式的痕迹。戈特曼之所以会请夫妻讲述两人相遇的往事，也正是出于这一考虑。因为他发现，当夫妻追忆两人恋爱过程中最有意义的时段时，他们的婚姻模式便会立即出现。

“判断过程很容易。”戈特曼说，“我昨天刚看过一盘录像带。女方说：‘我们是在周末滑雪时相遇的，他当时和他的几个朋友在一起，我对他挺有好感的。我们本来约好一起出去的，但他喝多了，就直接回家睡觉去了，害我苦等了 3 个小时。我把他弄醒后告诉他，我不应该被这样对待，还说他不是个好人。然后他说：嗯，不过，我真是喝多了。’”初次见面时，两人的沟通方式就有很大的问题，而且很遗憾，这一模式贯穿了两人恋爱的始终。戈特曼接着说：“做出分析其实并不太难。刚开始进行这些访谈实验的时候，我还想过，要是实验对象接受访谈时恰好心情很糟怎么办，但实际得出的预测结果还是准确得令人惊讶。就算再追加一次访谈，你所观察到的模式还是一模一样的。”

在莫尔斯电码中，有一种人称“笔迹”（fist）的东西。理解了“笔迹”的含义，我们就能通过类比来弄懂戈特曼所说的话了。莫尔斯电码由点和横组成，每种点与横都有其特定的长度，但却从未有人能毫厘不差地遵循这些长度。当报务员发送信号——尤其是在使用人称“平键”或“甲虫”的老式手动信号机机型时，每个人使用的字距、点横长度都有所不同，组合点横、字距的模式也因人而异。发莫尔斯电码就像说话一样，每个人都有属于自己的独特“声音”。

“二战”期间，英军招募了几千个所谓的信号侦听员，其中绝大多数都是女性。这些人的任务，就是夜以继日地收听德军部队的无线信号。当然，德军在无线信号中使用的是电码，因此，至少在战争伊始的一段时间内，英军一直无法弄懂敌军在说什么。但这也无妨，因为没过多久，仅靠听取信号的节奏，英军就逐渐吃透了每个德军报务员的“笔迹”。通过这种方式，英军得到了与广播内容近乎同等重要的情报——发送电码的人是谁。“如果你针对某些信号听一段时间，那么你就能慢慢辨别出，比如，这一个小组由3个或4个报务员组成，他们轮班工作，并且每人都各有特点，”英国军事历史学家奈杰尔·韦斯特（Nigel West）如是说道，“而且，信号中总会出现与正题无关的开场白，以及不符规定的对话内容。比如，‘你今天好吗？’‘女朋友怎么样了？’‘慕尼黑的天气如何？’然后，你便可以填写一张小卡片，记下所有诸如此类的信息。没过多久，你就可以在一定程度上识别出发信号的人了。”[2]

信号侦听员们给监听对象取了名字，对他们的“笔迹”和风格做出描述，并汇总成一份关于监听对象性格特征的翔实资料。在辨认出信号发送者的身份后，侦听员便会对信号进行定位。如此一来，英方便获取了更多的信息，即人物以及地点。韦斯特继续说道：“信号侦听员对德军无线报务员所发信号的特征了如指掌，简直可以在整个欧洲范围内对他们进行‘如影随形’的跟踪了。”这对编组作战序列来说可谓至关重要。所谓作战序列，就是由敌军各部在根据地的活动和位置组成的示意图。因此，假如一个从属于某部的无线报务员先是从意大利佛罗伦萨发送电波，而 3 周之后你又发现了这名报务员，但此时的他 / 她身在奥地利的林茨，那么你就可以推测出，他 / 她从属的部队已经从意大利北部转移到了东部前线地带。再比如，你知道某报务员从属于一个坦克修理大队，并且总在每天的 12 点发射信号，但一场大战过后，他 / 她在中午 12 点、下午 4 点以及晚上 7 点都发射了信号，那么你便可由此推出，他 / 她所属部队的活动变得频繁了。如果长官在危急关头问你：“你敢打包票 Luftwaffe Fliegerkorps（德军空军中队）现位于利比亚的托布鲁克边境，而非意大利吗？”你就可以回答：“是的，因为那个人是奥斯卡，我们百分之百确定。”

“笔迹”是在自然而然之间泄露的，这一点至关重要。无线报务员们并没有费尽心机地让自己的信号独一无二。这种独一无二无须刻意，因为在使用莫尔斯电码时，电码发送者的一些性格特征会顺其自然地显现。另外，即使是从莫尔斯电码最小的组成单元中，我们也能捕捉到“笔迹”的影子。我们只需听取几个代码，便能够识别发信人的特征，此特征并不会随段落的不同而改变或消失，亦不会只在某个词句或短语中才有所显现。正因如此，英军的信号侦听员只需听取几段信号，便能断定：“这个人是奥斯卡，由此可以推测出，他的部队现在的确在托布鲁克边境。”每个报务员的“笔迹”是始终如一的。

戈特曼的言下之意是，两个人的关系中也存在着一种“笔迹”，即一种不经意间自动显现的明显特征。无论是简单如敲出莫尔斯电码这样的小事，还是复杂如与人结为连理这样的大事，都有其可以识别且稳定如一的规律。与对莫尔斯电码报务员的定位追踪一样，预测离婚其实也是对规律的识别。

戈特曼接着说：“人们在恋爱中会经历两种心态。我把其中的一种称为‘积极情绪优势状态’，即正面感情占上风、烦躁情绪占下风的状态。这种心态就像减震器，配偶犯了错误，另一方会说：‘哎，他只是心情糟糕罢了。’而当恋爱中的双方处于另一种被我称为‘消极情绪优势状态’时，即使是一件不置褒贬的事情，也会被消极看待。在这种状态下，两人会对彼此做出难以挽救的判断——就算配偶做了积极的事情，也只将之理解为自私之人难得的善举。这两种心态都很难改变。当一方尝试修复两人的关系时，另一方是将此举看作亡羊补牢还是恶意摆布，要看夫妻二人处于哪种状态。好比我与太太谈话时，她说：‘你可不可以闭嘴，先听我说完啊？’在积极情绪优势状态下，我会说：‘对不起，你说吧。’我自然不会很开心，但我意识到我是在补救。而在消极情绪优势状态下，我则会说：‘去你的吧，我的话也没说完呢。你真是个泼妇，跟你妈一个德行。’”

戈特曼一边说，一边在纸上画了一幅图，那幅图酷似一张股市在一天内跌涨的图表。他解释说，自己所做的，就是记录一对夫妻积极和消极情绪的起伏形势。他发现，推测图表中曲线的走势并不用花费很多时间："一些线趋于上升，一些则趋于下降，但一旦曲线开始朝消极情绪趋势下滑，那么便会有 94% 的可能性会继续下滑。这表示，如果一段婚姻一开始的方向没有摆正，后来的补救也往往无济于事。我并不认为夫妻感情刚开始时出现的问题是阶段性的，我觉得这预示着两人对整段婚姻的看法。"

3. 蔑视的重要性

让我们挖掘得更深一些，看看戈特曼是何以得出如此之高的准确率的。戈特曼发现，每段婚姻都有其独一无二的特征，我们可以从夫妻的沟通与互动中，搜集到十分翔实的感情信息，从而辨认出此段婚姻的特征。然而除此之外，戈特曼的实验中还有另一个引人称奇之处，即他所使用的化繁为简的预测方法。直到我本人尝试着使用过薄片分析法之后，我才意识到简化的重要性。我从戈特曼那里拿了一盘录像带，里面有 10 段时长为 3 分钟的夫妻对话视频。工作人员告诉我，录像中有一半的夫妻在拍摄完成后的 15 年内离了婚，而另一半则仍在一起。我能猜出他们各是哪 5 对吗？我原本认为自己稳操胜券，但结果却大错特错。我一共答对了 5 次，也就是说，这个结果跟我用掷硬币来决定没什么差别。

这些视频让我头皮发麻，全然不知从何下手。对话开始时，丈夫含糊其词地嘟囔了两句，而后妻子不动声色地做了回应，脸上浮现出的表情一闪而过。丈夫欲言又止，妻子怒目而视，丈夫又大笑不止。两个人一会儿嘟嘟囔囔，一会儿又眉头紧锁。我倒带又看了一遍，可还是没有什么新的发现。转瞬即逝的笑容，变化微妙的声调……这一切让我手忙脚乱、措手不及。我的大脑乱作一团，试着判断出积极情绪和消极情绪的比例。但是，到底何谓积极、何谓消极？我从苏珊和比尔的录像中发现，许多表面积极的东西实为消极。比外，我还发现，SPAFF 表中包含的情感状态足足有不下 20 种。你有没有尝试过同时留意 20 种不同的情感？诚然，我并不是什么婚姻咨询师，但是在看过这盘录像带的近两百人中，不乏婚姻治疗师、婚姻问题研究者、神父、临床心理学研究生，以及新婚夫妇、刚离过婚的人和婚姻美满之人。这些人都比我更了解婚姻，但其中却没有任何人能做出比我更准确的预测。这组人当时的平均准确率为 53.8%，只比碰运气的概率高出一点点。虽然我们知道每段婚姻都有其特征，但这对预测过程并没有太大的帮助，因为在 3 分钟的录像中有太多转瞬即逝的细枝末节，它们扰得我们无从下手。[3]

但是，这个问题可没有难倒戈特曼。在使用薄片分析法分析婚姻方面，他已经达到了炉火纯青的境界。他坦言，自己只要在饭店里偷听一对一桌之遥的夫妻对话，便能推测出这两人是否需要考虑聘请律师，是否该发愁如何分担孩子抚养权的问题了。他为何能够做到这一点呢？因为他明白，我们大可不必对所有的细节都加以关注。我之所以会被统计消极情绪的任务搞得头昏脑涨，是因为我的所见之处到处都充斥着消极情绪。而戈特曼则更有选择性。他发现，我们仅需把重点放在他称为“四骑士”① 的四个因素上——“戒备”“一言不发”“指

① 原指基督教《圣经》中的“四骑士”(“战争”“饥馑”“瘟疫”“死亡”四大害)。——译者注

责”“蔑视”，问题便十有八九能够迎刃而解了。而在这“四骑士”中，“蔑视”被看作重中之重的那个因素。如果戈特曼观察到夫妻双方或某一方对另一方表现出蔑视的情绪，他便会将其视为婚姻出现危机的最重要的标志。

戈特曼说：“因为‘指责’是对一个人性格的全盘否定，所以你可能会认为‘指责’才是最伤人的。但是‘指责’和‘蔑视’二者存在着质的差别。如果我指责我的夫人，可能我会说：‘你从来不听我说话，你真是自私冷血。’作为回应，她会为自己辩护，这对我们解决矛盾和沟通交流当然没什么益处。但如果我站在居高临下的位置上与她交流，我就是在表示蔑视，其结果就更加不堪设想了。蔑视往往是一种侮辱：‘你是个泼妇、败类。’这其实是在试着把对方强压到低你一头的位置上，是在划分等级。”

戈特曼发现，如果婚姻中存在着蔑视情绪，那么我们甚至连受蔑视方患感冒的次数都能够预测出来。也就是说，爱人对你的蔑视会使你产生压力，并对你的免疫系统造成影响。“‘蔑视’和‘憎恶’有很密切的联系，二者所表示的，都是要将某人从社会团体中排斥和驱逐出去。不同性别的人在消极情绪的表达上有着天壤之别，女性更趋于责备，而男性更喜欢沉默。我们发现一般的情况是这样的：妻子先谈起一个问题，而后丈夫被激怒且对其不予理睬，接着妻子便加以指责，这种模式周而复始。然而，在‘蔑视’的表达方式上，两性之间却没有丝毫差异，一丁点也没有。”“蔑视”是个特殊因素，如果你能衡量这一因素，那么，你就不必煞费苦心地关注夫妻关系中的其他细枝末节了。

我认为，这与我们潜意识的运作方式有着异曲同工之妙。匆忙决定或灵光一闪之时，我们的潜意识与戈特曼使用的是同一种方法，即仔细审视当前情况，剔除一切无关紧要的细节，并将火力集中在真正重要的问题上。在这个方面，我们的潜意识可谓登堂入室：实际上，运用薄片分析法所得到的结果，往往要比殚精竭虑思索所得到的结果更加准确。

4. 寝室的秘密

试想，你正在考虑要不要雇用我。你已经浏览过我的简历，确定我具有必备的资历。但你想知道的是，我是否是你们企业的合适人选：我工作是否努力？待人是否诚肯？是否勇于接受新鲜事物？为了让你答出以上有关我个人品行的问题，你的上司给你提供了两种选择：其一，在一年的时间里与我每周碰面两次，吃吃饭或看看电影，直到你与我结成密友（你的上司可真够高标准、严要求的）；其二，趁我不在家的时候来我家，花上半个钟头随意看看。你会做何选择呢？

从表面上来看，答案是显而易见的：你应该选第一种，也就是选取厚片而非薄片进行分析。你与我共处的时间越长，搜集的信息就越多，判断也就越准确，不是这样吗？我希望读到此处，你起码要对第一种方式持一点怀疑态度了。正如心理学家塞缪尔·戈斯林（Samuel Gosling）向我们展示的，想要判断一个人的性格特征，薄片分析法无疑是一种有效的方法。

在戈斯林的实验中，他首先对 80 个大学生做了一项性格鉴定。

其中，他使用的性格鉴定工具被称为大五人格量表。这是一份广受关注的多选项调查问卷，用来衡量人类性格的 5 个方面：

（1）是否外向。你是善于交流还是腼腆孤僻？是活泼还是保守？

（2）是否容易相处。你对他人是持有信任还是持有怀疑的态度？是乐于助人的还是抵触合作的？

（3）是否认真勤勉。你是井井有条的还是缺乏条理的？是严于律己的还是自由散漫的？

（4）情绪是否稳定。你是焦虑烦躁的还是沉着冷静的？是否缺乏信心？

（5）是否对事物持开放的态度。你的想法是天马行空的还是脚踏实地的？是独立自主的还是喜欢人云亦云？

接着，戈斯林让这 80 个学生的密友们也填写了相同的问卷。

这些学生的朋友使用大五人格量表，为这些学生打出分数。戈斯林对这些评估加以分析，他希望从中看出分数与事实有多大的误差。答案并不出人意料：我们的朋友对我们的评价还是较为准确的。他们花了大量的时间和我们相处，由此对我们有了实质性的了解。接着，戈斯林重复了这项实验，但这次他的实验对象可不是那些大学生的密友了。参与这次实验的人，都是与被打分的大学生素昧平生的陌生人，他们仅仅参观过评分对象的寝室而已。戈斯林派发给每位打分者一块写字夹板，让他们在 15 分钟内四处查看，并回答一系列有关寝室主人的非常基本的问题：用 1~5 来打分，在你看来，此房间的居住者是否是个健谈的人呢？爱不爱找碴儿？工作是否细致周到？有无创意？是否保守？是否乐于助人、不谋私利？诸如此类。戈斯林说道：“我当时的目的，在于研究日常生活中人们对他人的印象，因此，我尽量避免对实验参与者进行任何条条框框的限制。我只是说：‘这是你们的调查问卷，到寝室里好好品味去吧。’我希望看到我的实验对象通过直觉做出评判。”

结果如何呢？在对外向程度的评估上，参观寝室的人并没有密友们准确。如果你想知道某人是否活泼健谈、友好外向，那么你显然得和这个人进行面对面的交流。在评估某人是否容易相处——某人乐于助人和相信他人的程度上，参观寝室者也比密友们稍逊一筹。我觉得这也在情理之中。但是，在评估大五人格量表中剩余的3方面特征时，手持写字夹板的陌生人可就“后来者居上”了。在衡量认真勤勉程度时，陌生人的成绩略胜一筹，而在预测情绪稳定性和思想开放程度方面，他们的准确率则比密友们高出了一大截。总的来说，陌生人最终的成绩要比密友们的准确得多。由此可以看出，素未谋面的人仅花20分钟思考得出的对我们的看法，往往要比熟识数年的朋友对我们的认识更为精确。忘了那些没完没了的“相互了解”的会面和聚餐吧，如果你想弄清我是否能够成为一名优秀的员工，那就哪天来我家里随便看看吧。[4]

我想，一般人都会认为戈斯林的结论荒谬至极吧？但实际上，在看过约翰·戈特曼的实验之后，我们大可不必对戈斯林的结论感到匪夷所思，这只不过是薄片分析法的又一例证罢了。参观寝室者观察的是学生们最私密的个人物品，而个人物品则是主人的生动写照。戈斯林打了一个比方，如果寝室可以提供两三种有关居住者性格的提示，那么首先便是身份声明，即居住者煞费苦心营造并希望展示给外界的形象，比如相框里成绩优异的哈佛大学毕业证复印件。接下来则是行为举止留下的线索，即我们不经意间遗留的蛛丝马迹，比如地板上堆着的脏衣服，或是按首字母排好顺序的激光唱片。最后，还有情绪调节器，即我们为改变居家情绪而对私人空间做出的改动，如房间角落里的一根香熏蜡烛，或床上巧妙摆放着的装饰靠枕。当你看到按字母顺序排列的激光唱片收藏，一张挂在墙上的哈佛大学毕业证，房间角落里的一炷香，以及洗衣篮中整齐堆叠着的待洗衣物时，你便会马上了解此人性格中的某些方面，而这些了解，或许是你在与此人面对面的交流中无法捕捉到的。任何一个浏览过恋人书架或偷看过恋人药柜的人，对此都会心照不宣：对某人私人空间短暂一瞥所得到的信息量，与长时间与其在公众场合接触所得的信息量几乎不相上下，且前者往往更为深刻。

除此之外，还有一个重要因素，即通过浏览某人的私人物品，我们会不可避免地遗漏些许信息。当你舍弃与某人面对面沟通的机会时，你所筛除的是那些令人费解、复杂难懂且无关紧要的信息，而这些信息很有可能会对你的判断起到扰乱的作用。一个体重 275 磅[①] 的橄榄球队前锋，私底下其实是个思维活跃且颇具洞察力的人——恐怕绝大多数人都难以相信这一点。我们总是难以逾越运动员力大无脑的刻板印象，但假如我们见到的只是这个运动员的书架或墙上的艺术

① 1 磅约为 0.45 千克。——编者注

品，那么这个问题便迎刃而解了。

绝大多数人对自己的认识往往不够客观，因此他们对自己的评价也往往具有误导性。所以，在评估某人的性格时，我们并不会直截了当地让对方做自我描述，而是给他们一份像大五人格量表一样精心设计的问卷，以期从答案中一窥他们的庐山真面目。同样，戈特曼并不会浪费时间直接询问夫妻对两人婚姻状况的看法，因为他们可能会撒谎或羞于实话实说，更重要的是，也许他们自己也不知道真相。他们或许正深陷感情的泥沼，抑或正如胶似漆，却连自己都道不清个中缘由。西比尔·卡雷尔说："夫妻二人对他们之间的交流听上去如何简直一无所知。我们先是拍摄下两人的对话，然后播放给他们看。在前不久的一次研究中，我们采访了几对夫妻，问他们从研究中学到了什么。许多人，甚至是绝大多数的人，都说他们对自己在争执中的样子或交流的方式感到意外。研究中，有一个女性参与者，我们觉得她的情绪波动极大，而她却说从不知道自己如此情绪化，还说她自认为是个处事泰然、不露声色的人。这样的人有许多，他们把自己想象得比实际更加热情或更加消沉，只有在他们看到自己的录像时才会意识到，他们对自己沟通方式的认识是错误的。"

如果连夫妻双方本人都不知道自己的对话听上去如何，那么直接向他们发问又能有多少用处呢？当然没什么用处。也正是因为如此，戈特曼才会指导夫妻们围绕关乎两人婚姻的话题展开讨论，聊些诸如宠物的事情，而不直接让他们讨论婚姻。之后，他会留心间接衡量这些夫妻婚姻状况的标准：比如，某人脸上一闪而过却饱含千言万语的某种表情，通过测量手掌汗腺反应得出的压力产生的迹象，心率的突然急剧加速，交流中声调不经意流露的细微变化等。戈特曼选择从侧面入手解决问题，在他看来，这种间接途径要比直接提问快捷、有效得多。

上文中那些寝室参观者所做的评估，其实就是约翰·戈特曼分析方法的“非专业版本”。为找到打分对象的“笔迹”，打分者给自己划定出 15 分钟，全神贯注地搜集信息，从而产生对寝室主人的直觉。他们利用寝室中隐匿着的种种蛛丝马迹，从侧面入手来分析问题。同时，他们也不必为面对面交流中各种混淆视听、无关痛痒的信息而分心。如此一来，整个决策的过程便由繁入简了。寝室参观者们使用了薄片分析法，那么结果如何呢？就像戈特曼一样，他们做出了非常精确的预测。

5. 倾听医语

让我们再深入一步，来一探薄片分析法的究竟。

假如你在一家保险公司任职，公司面向医生销售医疗失当保险。出于效益方面的考虑，老板让你在所有被保医生中，算出哪些医生最有可能遭到病人的起诉。这次你还是有两种选择：第一种选择是验证医生们的学历和资格证，通过档案来查看他们在近几年有过多少失误。第二种选择则是偷听每位医生与病人对话的几个小片段。

现在，你可能已经料到我会说第二项是最优选项了吧？的确如此，原因如下：信不信由你，医生因医疗失当而被指控的风险，与其所犯错误的多少几乎没有关系。针对医疗失当诉讼的分析显示，遭到起诉的医生中不乏医术高明之人，而有些漏洞百出的医生却从未遭到过起诉。同时，在由于医疗事故而受伤的人群中，绝大多数的人从未想到过要对其主治医生提起医疗失当诉讼。也就是说，因医疗失当而导致的伤害，并不是病人起诉的唯一原因。病人们之所以起诉医生，不只是因为他们受到了侵害。

那么这另一个原因又是什么呢？答案是病人在医生那里受到的待遇。在医疗失当诉讼案例中，有一种现象屡屡出现，即病人控诉说医生对他们不予理睬，或催促，或态度恶劣。在医疗失当案件领域首屈一指的律师艾丽斯·布尔金（Alice Burkin）说："人们不会起诉自己喜欢的医生。我在这一行干了好几年了，从来没有碰到哪位潜在客户找到我们说：'我真的很喜欢这个医生，虽然我这么做良心有愧，但我还是想起诉他/她。'曾经有人来找我们，想要起诉一个专科医生。我们说：'我们不认为失职的是那位专科医生。我们认为造成过失的是你的初级保健医生。'然后客户答道：'我才不管她做了什么呢。我爱死她了，我才不会起诉她呢。'"

布尔金接待过一个客户，她的乳房肿瘤直到出现转移后才被医院诊断出来。这个客户希望以延误诊断起诉她的内科医生，而实际上，失职的人应该是为她做X光的医生才对。但是这个客户心意已决，非要起诉她的内科医生不可。布尔金告诉我："我与那个客户第一次见面的时候，她告诉我们，她的内科医生从来不花时间和她交流，也从未注意过她身上的其他症状，她对这个医生可谓恨之入骨，她曾经告诉我们：'那个医生从来没把我当成一个完整的人。'如果病人的诊断结果很糟糕，那么医生就得耐心解释情况，回答病人的提问，把病人当作人来对待。遭到起诉的往往是没有尽到这些职责的医生。”由此看来，如果想要预测一个外科医生遭到起诉的概率，你并不需要充分了解其做手术的技术，你所要知道的，是这个医生与病人之间的互动方式。[5]

医疗研究者温迪·莱文森（Wendy Levinson）曾记录了一组医生与其病人之间共计数百条的对话。在这组医生里，约有一半的医生从未遭到过起诉，而另一半的医生则被起诉过两次或以上。莱文森发现，仅凭这些对话，她就能够找出两类医生之间的明显差异。从未被起诉过的医生花在每个病人身上的时间，要比遭到起诉的医生长了3分钟以上（分别为18.3分钟和15分钟）。前者更趋于给出“指导性”的解释，比如“首先，我会为你做检查，然后我们来详谈你的问题”，或者“我会专门留出时间供你提问”，这些话能够帮助病人理解他们在此次就诊中将会得到的结果，以及应该何时发问；这些医生更趋于积极聆听，喜欢使用“请继续往下讲”等用语；他们在病人的就诊过程中更加幽默和爱笑。有趣的是，这两类医生提供给病人的信息，在质与量上都大同小异，第一类医生并没有给出更多有关用药和病情方面的细节。两者的区别仅仅在于两类医生与病人沟通的方式。

其实，我们还可以做进一步的分析。心理学家纳里尼·安贝蒂听取了莱文森的录音，把注意力集中在只涉及医生和病人两人的对话上。她针对每个医生，分别选出两段其与病人的对话录音；接着，又从这两段对话中选取出两段时长均为10秒的录音，内容仅包括医生的发言，并由此剪辑出总长为40秒的片段；最后，她对这些片段进行了“内容过滤”，也就是说，她将谈话中可让人识别出具体单词的声音剔除。经过筛选，谈话的内容被过滤了，保留下的是由语调、音高和节奏组成的含糊不清的“一锅粥”。仅凭着这样的录音片段，安贝蒂进行了一次戈特曼式的分析。她请人对录音进行了“亲切”“敌对”“强势”“焦虑”等方面的评分，结果发现，仅仅利用这些评分，她便能够推测出哪些医生曾被起诉，哪些没有。

安贝蒂说，她和她的同事们“被结果惊得瞠目结舌”。这也难怪，评分的人对医生的技术水平一无所知，不知道他们经验如何、受过何种培训，也不知道他们常做的手术类型，甚至连他们对病人说了些什么都无从知晓，只能从医生的语音、语调入手分析，进而做出判断。其实，事情远比这简单：如果医生的声音听上去很强势，那么他 / 她便很可能被归入遭到起诉的一组中去；如果医生声音中的关切多于强势，那么他 / 她被归入不被起诉组的概率就较大。我们还能再切得薄一点吗？医疗失当听上去好像是一个剪不断理还乱的难题，牵扯多个层面，但追根溯源，这是一个有关尊重的问题。表达尊重最简单的方法，莫过于通过说话的语气了，而一个医生所能用到的最伤人的语气就是强势。安贝蒂是否需要将医生和病人的对话从头到尾全录下来，才能理解这些语气呢？不。因为就诊的过程与戈特曼的夫妻对话或学生寝室实验是大同小异的，它们都具有其独一无二的特征，这些特征能帮助我们认清其本质。

下次去看病时，你在医生的办公室坐定，他 / 她开始发话，而这时如果你感到他 / 她并没有在听你说什么，或是用高人一等的语气对你讲话，抑或并没有给予你应有的重视，那么，请相信你的感觉。你已经用薄片分析法对他 / 她进行过分析了，他 / 她的失职之处是逃不过你的火眼金睛的。

6. 一瞥的力量

薄片分析法并非什么奇异的天外来物，而是人类与生俱来的一个重要特征。无论是快速做出决定，还是与新朋友会面，抑或面对陌生的环境，我们都会用到薄片分析法。环境中隐藏着的“笔迹”众多，也正因如此，我们必须使用薄片分析法来加以应对，并逐渐对这种能力产生依赖。如果我们能花费一两秒，将注意力聚焦在很小的细节上，那么我们往往会对事物产生深刻的理解。

比如，许多不同的职业和学科都有其专属用词，来形容人们瞬间获取信息的特殊能力。在篮球比赛中，能够洞察和理解周围环境中所发生的一切的运动员，被形容为具有“场上意识”。在军事方面，人们认为杰出的将军们具有 coupd'oeil——从法语翻译过来就是“慧眼”的意思，即瞬间洞察和领悟战场形势的能力。拿破仑具有“慧眼”，巴顿将军亦然。鸟类学家戴维 · 西伯利（David Sibley）说，自己在新泽西州的开普梅看到过一只飞翔中的鸟，虽然距离有两百码[①]之远，但他立即反应过来，并认出那是一只叫作“流苏鹬”的罕见矶鹞。他以前从没见过飞翔中的流苏鹬，何况那一瞬间十分短暂，并不容他仔细鉴别，但他所捕捉到的是那只鸟的本质与精髓，即被观鸟者们称为

① 1 码约为 0.9 米。——编者注

“giss”[①]的东西。而这，已经足矣。

“绝大多数的鸟类识别都是基于某种主观印象做出的，也就是鸟行动的方式、在不同角度和瞬间的样貌，以及在动态中其外表的一系列变化。不同的鸟在转头、飞翔或转身时，会展现出不同的外形和棱角，”西伯利说道，“把这一切联系在一起，我们对每只鸟的独一无二的印象便形成了。这种印象是不可拆分、无法言喻的。归根到底，在野外观鸟时，你没有时间去分析：这只鸟有这样和那样的特征，因此它必定属于这个种类。实际情况比这要自然，更加依赖我们的直觉。经过长期训练后，你在观鸟时，大脑的一个小开关会被触发。某只鸟看上去就是顺眼，只消一瞥，你就能做到心知肚明了。”

好莱坞制片人布赖恩·格雷泽（Brian Grazer）曾一手打造出过去20多年中的众多热门影片，谈起与演员汤姆·汉克斯初次会面时的情景，他的话语和上文中鸟类学家的话几乎如出一辙。那是在1983年，汉克斯当时还是个无名之辈，当时他唯一的作品是一部现已（理应）被人遗忘的电视剧《亲密伙伴》。格雷泽回忆道：“他来我这里为电影《美人鱼》试镜，让我告诉你我在那一瞬间看到了些什么吧。”就在初次见面的霎时间，格雷泽立马感知到汉克斯非等闲之辈。“我们为那个角色已经试了几百个人了，其中不乏比他幽默的人，但是没有人像他那么招人喜爱。我觉得我能站在他的立场上生活，他的问题是我可以理解和感同身受的。你知道吗，想要逗人发笑，你就得有趣，而想要变得有趣，你就得做出一些卑鄙的事情。喜剧源于愤怒，趣味亦

① giss，观鸟术语，是General Impression（总体印象）、Size（大小）以及Shape（形状）的首字母缩略词。——译者注

然，否则喜剧片里就不存在矛盾冲突了。但是，汉克斯不仅能够表现得尖酸刻薄，同时又能让你原谅他。观众必须能够原谅他，因为，即便他甩了女主角或做了些让你无法苟同的选择，但到头来，他还是主角，还得出现在电影里。当时我还无法用语言来解释这一切，选他当男一号也是出于直觉。直到后来，我才分析出了个中缘由。”

我猜许多读者对汤姆·汉克斯也有同样的感觉。如果我问你他是个什么样的人，你会说他品行端正、值得信赖、脚踏实地且风趣幽默，但你并不了解他，你和他在现实生活中从没有过交集，你只是在电影中看过他所扮演的跨度很大的不同角色罢了。即便如此，你还是能够从这些体验的细小片段中抽取一些非常能说明问题的信息，同时，这些信息也在很大程度上影响了你观看汤姆·汉克斯主演的电影时的体验。谈起让汉克斯出演热门电影《阿波罗 13 号》的决定时，格雷泽说：“人人都说，无法想象汤姆·汉克斯扮演宇航员会是什么样子。我并不知道他能否胜任宇航员一角，但我觉得这是一部关于宇宙飞船遇难的片子，地球人最想让谁重回地球？美国人最想让谁脱离险境？答案是汤姆·汉克斯。我们不想看到他死，我们太喜欢他了。”

如果我们不使用薄片分析法，如果我们非得和某人相处数月才能看清其真面目，那么《阿波罗 13 号》扣人心弦的情节便会变得味同嚼蜡，《美人鱼》也会变得索然无味。如果我们无法在霎时间理解复杂的形式，篮球运动便会乱成一团，观鸟者们也会叫天天不应，叫地地不灵。几年前，一批心理学家对那项把我搞得云里雾里的离婚预测实验进行了改动。他们向一些非专业人士播放了戈特曼实验中的一些夫妻谈话的录像片段，但这次，他们为评分者提供了一些小小的帮助。心理学家们给予评分者一张清单，让其在录像中寻找清单上列出的情绪。除此之外，他们还把录像剪辑成 30 秒的片段，并让实验对象将每个片段各看两次，一次集中看丈夫，一次则只注意妻子。结果呢？在这项实验中，实验对象在评判哪些婚姻会成功时，达到了 80% 以上的准确率。虽然他们尚未赶超戈特曼的准确率，但这已经是很优秀的成绩了。不过这也难怪，我们毕竟是薄片分析法的老手了。

2

潜意识密室：瞬间决断的秘密

你的潜意识就像你的心理世界的一个仆人，精心照料着你思维生活中微妙的细枝末节，密切关注着你周围发生的一切，竭力确保你能够随机应变。

维克·布雷登（Vic Braden）是世界上首屈一指的网球教练之一。从某个时间点开始，在观看网球比赛的时候，他总会发现一个奇怪的现象。在网球运动中，选手有两次发球机会，如果错失了两次机会，就算双发失误。布雷登发现，他总能预料到选手双发失误的时机。选手将球抛到空中，拉回球拍，而就在球刚要触拍的瞬间，布雷登便会脱口而出："哦不，双发失误。"果不其然，选手要么打出边球，要么打出长球，要么就是发球触网。无论选手姓甚名谁、是男是女，无论布雷登观看的是现场比赛还是电视转播，也无论他对发球的选手了解几何，他都能做出准确的判断。他说："我连素未谋面的俄罗斯女选手是否会双发失误都能预料到。"其实，布雷登靠的并非运气。如果你能在抛硬币时准确地猜出正反面，那么你靠的是运气。但双发失误出现的概率微乎其微，在整场比赛中，一名专业选手可能要发数百次球，才会出现 3~4 次的双发失误。曾有一年，布雷登位于南加州的家附近的印第安韦尔斯举办了一场大型专业网球锦标赛，他决定对自己关于双发失误的预测做一下记录。结果出人意料：在布雷登观看的比赛中，一共出现了17次双发失误，而他准确预测出的双发失误足有16次。“有一段时间，事态的发展把我自己都吓住了。”布雷登说道，“我真的是被吓得够呛。我把20次双发失误全猜出来了，况且，对象可是那些几乎从未出现过双发失误的选手。”

年轻时的布雷登曾是一名世界级的网球运动员，在过去的几十年中，他培养、辅导并熟识了众多网球界顶尖的选手。他身材矮小，却与30多岁的人一样劲头十足。如果你与网球界人士聊天，他们会告诉你，维克·布雷登对比赛的细节变动和微妙之处已经习悟到了目无全牛的境界。如此说来，维克·布雷登能在眨眼之间精确地参透一记发球也不足为奇了，这与艺术史学家一眼识破盖蒂博物馆的那尊少年立像的真面目的能力是大同小异的。不知是网球运动员的姿势、抛球的方式，还是动作的流畅程度，总之，有某种因素开启了布雷登的潜意识层面，使他仅凭直觉便拿捏到了双发失误的“giss”。他把发球的动作切分成了薄片，做出瞬间决断，而后豁然开朗。但问题在于，尽管布雷登绞尽脑汁，但他就是搞不懂自己是怎么做出决断的。

“我看到了什么？”布雷登自问道，“我躺在床上冥思苦想：我是怎么做到的呢？但我却怎么也搞不懂。这个难题折磨着我，都快把我逼疯了。我把录像看了一遍又一遍，在脑海中不停重现发球的过程，竭力想弄个明白。运动员是不是被绊了一下？是不是多迈了一步？是不是让球多弹了一下？是不是什么因素改变了他们的动作？”布雷登做出决策的根据似乎隐匿在潜意识层面的某个地方，但他无从挖掘。

瞬间做出的决断是转瞬即逝的，这是因为：首先，这些决策源于我们体验与经历的最细微的片段；其次，这些决策的出处源于潜意识层面。在艾奥瓦大学的赌博实验中，赌博者开始回避高风险红色纸牌的时间，要比他们实际意识到的时间早了许多——在其又抽取了70张卡牌后，大脑的显意识层面才终于弄懂了形势。在哈里森、霍温和希腊专家们初次看到那尊少年立像时，他们感到一阵厌恶，头脑中不时浮现出各种形容词，哈里森甚至脱口而出："很遗憾听到这个消息。"但在疑虑初生的瞬间，他们还远远无法逐一列举产生这些感觉的原因。霍温曾与几名他称为"赝品终结者"的艺术专家在一起交流，他们都以为，辨识艺术品真伪的过程，是只可意会不可言传的。霍温说："在观看一件艺术品时，这些专家会感到'一种心理上的暗涌'，各种图片资料会一股脑地涌入他们的大脑中。一位赝品终结者形容说，这种感觉就如他的眼睛和知觉化为一群蜂鸟，在几十个鸟巢间窜进窜出。不出几分钟，有时甚至不过几秒，这位赝品终结者便能够联系起大量警示他'小心'的信号。"

以下是霍温谈及艺术史学家伯纳德·贝伦森（Bernard Berenson）时的原话。"（他）有时会把同事搞得晕头转向。如果一件艺术品有瑕疵或给人一种不协调感，那么这件物品便可能是件拙劣的仿制品，或是假货。贝伦森虽然能够洞察这些细微的缺陷，却无法解释自己是如何捕捉到这些东西的。在法院开庭审理某件案子时，贝伦森竟然只能告诉大家，当时他的胃感到不太对劲，耳边出现了奇怪的嗡鸣声，突然产生了暂时的抑郁感，并感到头昏眼花、失去平衡。这些因素都不足以精确地说明他是如何看出眼前的艺术品是仿制品的，但他只能解释到这一步了。"[1]

瞬间决断和快速认知的形成过程十分神秘。而维克·布雷登所追寻的，就是这间潜意识“密室”的钥匙。他彻夜不眠，试图搞明白发球过程中到底是什么东西为他的决策指点了方向，但也只是枉费心机罢了。

我觉得，我们并不是找寻这把密室之匙的好手。理解瞬间决断和薄片分析法的巨大神力是一回事，但将我们的信任寄托在看似如此不着边际的事情上，可就应该另当别论了。亿万富翁、投资巨头乔治·索罗斯的儿子说过：“我的父亲会正襟危坐，用理论向你解释他决策背后的原因。但我记得儿时曾一边看着他的解释一边想：这里面至少有一半是信口胡诌的。我的意思是，他之所以在市场浪潮中改变手段和策略，是因为他的背部开始钻心地疼。他的背部真的会一阵阵地抽搐，而这个预示危险的信号才是他做出决策的真正原因。”

乔治·索罗斯清楚，通过潜意识推理得出的成果具有很高的价值，显然，这是他在专业领域业绩斐然的原因之一。但是，假如你我要与索罗斯合伙投资，而他在做出决策时给予我们的唯一理由是，他的背痛又犯了，那么，我们难免会惶恐不安。一位像杰克·韦尔奇这样功成名就的CEO（首席执行官）可能会将自己的回忆录命名为《杰克·韦尔奇自传》（*Jack:Straight from the Gut*）[1]，但他会在书中明确指出，鹤立鸡群的他凭借的不仅是直觉，还有精心测算出的管理理论、运营系统和原则等。我们的社会要求人们做出有理可依、有据可循的决定，仿佛我们在表达自己感觉如何时，还非得详细道出为何会产生这种感觉不可。正因为如此，盖蒂博物馆的人（至少在刚开始时）对

① 英文书名中的straight from the gut字面的意思是“跟着直觉走”。——编者注

霍温、哈里森和泽里一行人的观点难以接受：听取科学家和律师的意见要容易得多，因为他们能够提供大量文件来支持自己的结论。我个人认为，这种方法和态度是个弊病。如果想要学着提高决策能力，我们就得接受瞬间决断的变幻莫测的本性，尊重即使不知所以然也能知其然这一事实，并且坚信，瞬间决断有时对于我们更为有利。

1. 诱导行为

假设我是一名教授，你受我之邀赴办公室来见我。你走过一条长长的走廊，跨进门，在桌旁坐定。在你面前摆放着一张纸，上面列着几个分别由 5 个词语组成的词串。我要求你以最快的速度，从每个词串中抽取 4 个单词，并分别组成一个语法正确的句子。这是一个被称为“乱句重组”的测试。[2] 准备好了吗？

1. “他”“是”“担心”“她”“总是”
2. “自”“来”“佛罗里达”“橙子”“温度”
3. “球”“那个”“扔”“投”“安静地”
4. “鞋子”“给”“替换掉”“那双”“老旧的”
5. “他”“注视”“偶尔会”“周围的人”“观察”
6. “会”“将”“出汗”“孤单的”“他们”
7. “天空”“那片”“密不透风的”“灰色的”“是”
8. “应该”“现在”“退出”“健忘的”“我们”
9. “我们”“宾戈游戏”“唱”“玩”“让”

10.“阳光”“使”“温度”“起皱”“葡萄干”

这看起来挺简单的，对吧？其实不然。信不信由你，在做完这个测试之后，你走出我的办公室、穿过走廊的速度会比来的时候慢。通过以上这个测试，我影响了你的行为方式。我是如何做到的呢？回头再看看那张清单，你就会发现整张清单上零星地罗列着一些特殊的词语，比如“担心”、“佛罗里达”[①]、“老旧的”、“孤单的”、“灰色的”、“宾戈游戏”[②]以及“起皱”。你认为我仅仅是让你做个语言测试罢了，但实际上，我同时也在指示着你脑中的大型计算机，即你的适应性潜意识，让其思考与衰老有关的事情。顷刻之间，你的适应性潜意识将注意力集中在了有关衰老的想法上，潜意识将相关信息全盘皆收，但却没有通知大脑的其他部分。因此，待你完成测试穿过走廊时，你的行为趋于老态，步履也缓慢了。

这项实验出自心理学家约翰·巴格（John Bargh）的巧妙设计，属于诱导实验中的一例。除此之外，巴格还和其他学者从中衍生出了大量不同版本的诱导实验，每个版本都趣味无穷。这些实验揭示了紧锁在我们潜意识密室中的万千秘密。一次，巴格携同他在纽约大学的两个同事——陈马克（Mark Chen）和拉腊·伯罗斯（Lara Burrows）——一起策划了一项实验，实验地点就在巴格办公室外的走廊。他们选出一批本科生作为实验对象，将他们分为两组，分别进行不同内容的“乱句重组”测试。其中，第一种测试的卷子上不时穿

① 佛罗里达州是美国许多老人选择的养老地。——译者注

② 宾戈游戏是一款危险性低的填字赌博游戏。——编者注

插有“挑衅地”、“鲁莽的”、“哥们儿”、“打扰”、“扰乱”和“违法”等词；另一种测试的卷子上则包括“尊重”、“体贴的”、“感谢”、“耐心地”、“让步”、“有礼貌的”以及“客气”等词。在这两种测试中，相似词语的数量被控制在一定范围之内，因而学生们不会看穿实验者的真正用意（显然，实验对象一旦意识到自己的行为受到了诱导，那么实验就对他们没有效果了）。整个实验耗时仅约 5 分钟。测试后，学生们按照指示穿过走廊与测试组织者会面，以听取接下来的任务。

根据巴格的指示，只要一有学生来到办公室，测试组织者就必须假装忙于与另一个知情者交谈，造成无法脱身的假象，而这位知情者则必须站在正门过道，把办公室的入口挡住。巴格想要试验一下，看看受到礼貌词语诱导的学生与受到粗鲁字眼诱导的学生相比，是否会等候更长的时间，再去打断测试组织者与知情人的交谈。巴格对潜意识的神奇力量早已有所了解，也料到潜意识会对人有所影响，但他以为这种影响是微乎其微的。早前，巴格曾找到纽约大学委员会，委员们同意他以人作为实验对象，但要求他将实验组织者和知情人的对话时间控制在 10 分钟之内。巴格回忆说：“委员们说这番话的时候，我们盯着他们想，你们一定是在开玩笑吧，这可真滑稽，因为我们在计时过程中使用的单位都是毫秒。拜托，实验对象可都是纽约人呀，他们才不会傻站在那里不动呢。我们当时预测的实验用时不过几秒，1 分钟都算极限了。”

但是，巴格和他的同事们大错特错了。平均来说，受到粗鲁字眼诱导的实验对象在等候了约 5 分钟后才会打断谈话，而在受到礼貌字眼诱导的人群中，绝大多数人（82%）自始至终都没有插嘴。如果不是实验必须在10分钟后终止，谁知道他们会客气而耐心地微笑着在走廊里站多久呢？

巴格追忆说："实验地点就在我办公室门口的走廊，所以我得一次又一次地听重复的对话。一旦有新的实验对象到场，谈话就又得重演一遍。真是枯燥，简直枯燥透顶！实验对象穿过走廊，便会看到知情人堵在门口与测试组织者交谈。知情人不厌其烦地嘟嘟囔囔，说她不知道自己该做些什么，她的问题就像连珠炮一样，一直持续了10分钟：'这个应该标在哪里？我不懂。'"巴格回想起那段往事，身体不由地一缩，诧异与不解之情溢于言表："对话已经进行很久了，而那些做过带有礼貌字眼测试的人就真的站在那里等着。"[3]

有一点得加以说明，诱导和洗脑可不是一码事。我可甭想通过提供"打盹儿"、"奶瓶"和"泰迪熊"等字眼，就让你把隐匿最深的童年秘密倾吐出来。同样，我也不能通过诱导而让你帮助我去抢银行。但不得不说，诱导的力量也确实是不可小觑的。两名荷兰研究者做过一项实验，他们让几组学生参与一种叫作"寻根问底"的益智游戏，回答游戏中的42道难度很大的题目。[4]其中，一半的学生被要求预先花5分钟的时间，思考成为一名教授意味着什么，并将想法全部记录下来，这些学生的答题正确率为55.6%。另一半的学生则按照要求在游戏开始前坐下来，想一会儿与足球流氓有关的事，这组学生的正确率为42.6%。"教授"组学生的知识水平并不比"足球流氓"组高，也不比后者更加聪明或用心，他们只是处在"智慧"的思维模式中罢了。显然，通过把自己与"教授"等智慧的代名词联系在一起，第一组学生做出正确答复的概率大大提高了。需要指出的是，55.6%和

42.6% 的正确率之间的差距可谓悬殊——这可是及格与否的分水岭。

心理学家克劳德·斯蒂尔（Claude Steele）和乔舒亚·阿伦森（Joshua Aronson）开发了一个比以上实验更加极端的版本。[5] 他们选取的实验对象是数名黑人大学生，道具则是从美国研究生入学考试（GRE）中抽取的 20 道题。按照要求，学生们在试前的问卷上填写了所属人种，这一简单的环节就足以诱导他们联想到所有与美国黑人有关的消极形象，而他们的成绩以及答对题目的数量都削减了一半。在当今社会，我们认为考试是考生能力和知识的可靠指标，因此寄予考试以重托。但事实果真如此吗？如果在学术能力评估测试（SAT）中，一个来自名牌私立高中的白人学生的分数高于一个来自公立学校的黑人学生，那么这到底是因为白人学生着实更加优秀呢，还是因为身为白人又出身名校的学生时常头顶着“天资聪颖”的光环呢？

令人更为称奇的是，这些诱导因素影响我们的方式是如此神秘莫测，让人难以察觉。当你在做上文中的造句测试时，你并不知道自己正在被灌输着有关“衰老”的思想吧？但话说回来，这些诱导因素如此隐秘，你又怎么会察觉呢？然而，值得注意的是，人们在缓步走出房间、穿过走廊之后，仍然对自己行为受到的影响浑然不觉。巴格曾让实验对象玩棋类游戏，其中，参与者获胜的唯一方式是要相互合作。巴格通过诱导向参与者灌输了协作精神，果不其然，这些人配合的默契程度大大提升，游戏也进行得更加顺利了。巴格指出：“事后，我们向实验对象提了一些问题，比如，你在游戏中与他人的协作程度如何？你与他人合作的意愿度有多高？然后，我们将答案与他们的实际行为做了比较，却发现二者毫无相关性。这个游戏时长为 15 分钟，但游戏过后，人们竟对自己在游戏中的协作表现一无所知。他们都没有回过神来，给出的答案也都像是胡乱回答一通的无用信息。这真让我感到出乎意料，我还以为他们起码能从回忆里琢磨出点儿什么来呢，但他们没有。”

在上文的实验中，当黑人学生注意到自己所属的人种后，他们在考试中表现得一塌糊涂。阿伦森和斯蒂尔在他们身上发现了与棋类游戏实验对象同样的问题。阿伦森说：“考试后，我与黑人学生交谈。我问道：‘有没有什么因素影响了你们的发挥？’我还问他们：‘我让你们在试卷上说明你所属的人种，这会不会对你们产生干扰？’我之所以这样问，是因为这显然对他们的表现有很大的影响。但他们却总回答说自己并不介意，还说：‘你知道吗，我觉得我不够聪明，不配待在这里。’”

不难看出，这些实验的结果很值得我们关注：我们一直将其看成自由意志的那些东西，在很大程度上只是幻象。我们往往一直处在“自动驾驶”的心理状态中，我们的思考和行为方式，以及在紧急关头思考与行动的能力，比我们想象的要更易受到外部环境的影响。但与此同时，我也认为，潜意识悄无声息的运作方式有其不容忽略的优势。在做上文中那个穿插着有关“衰老”的词语的乱句重组测试时，你在每个句子上各用了多长时间呢？依我看，每个句子的用时也就是几秒吧。这个速度已经挺快的了，而你之所以能够迅速完成测试，原因就在于你能够排除干扰，做到心无旁骛。如果你一直把心思花在单词列表中可能存在的规律上，那么，想要如此迅速地完成任务就非常困难了，因为你的注意力无法集中。诚然，测试中涉及“衰老”的信息改变了你走出房间的速度，但这是件坏事吗？你的潜意识只是在通知身体：我察觉到了一些线索，我们正处于一个与“衰老”有所关联的环境中，让我们“随遇而安”，按环境需要而行动吧。如此说来，你的潜意识就像你的心理世界的一个仆人，精心照料着你思维生活中微妙的细枝末节，密切关注着你周围发生的一切，竭力确保你能够随机应变，同时给予你足够的自由空间，以便你将注意力集中于亟待处理的事宜。

设计赌博实验的艾奥瓦大学团队，是由神经病学家安东尼奥·达马西奥（Antonio Damasio）领导的。他们统筹了若干趣味横生的实验，探究如果太多的思维过程在潜意识的密室之外进行，会产生怎样的后果。在这些实验中，达马西奥所选的对象都遭遇过大脑腹内侧前额叶皮质区域的损伤。此区域位于人体鼻后，面积虽小却至关重要，在我们的决策中扮演着关键角色：它可以帮助我们应对突发事件，厘清情感纠葛，处理从外界得到的海量信息，理出先后顺序，还能提醒我们优先处理亟待解决之事。大脑腹内侧前额叶皮质区域受损的人十分理性，其中不乏机智聪慧且务实能干之人，但是他们都在决断力上有所欠缺。更准确地讲，这些人没有自己的潜意识仆人，因而无法抽身把精力集中在真正要紧的事物上。在《笛卡儿的错误》（*Descartes' Error*）一书中，达马西奥描述了其与一个罹患此种脑损伤的病人预约时间的经历：

> 我提供了两个备选日期，都在下个月，且两个日期只差几天。病人取出日程簿，查阅上面的日历。接下来出现的一幕，着实让几个在场的研究人员大开眼界。那个病人花了几乎半个小时

的时间，罗列出选择两种日期各自的利弊得失：事先定好的约会，与其他有约的日期是否接近，可能出现的天气状况……他几乎把与一个简单日期有关的所有因素从头到尾考虑了个遍。（他）简直就是在带着我一起做一项无聊透顶的成本—收益分析，没完没了地罗列提纲，徒然地对比着不同选项及其可能引起的后果。面对这样一个过程，一般人得具备强大的自制力才不致抓狂或叫他闭嘴。

达马西奥与他的团队让脑损伤患者也参与了本书开头提到的赌博实验。最终，绝大多数的患者像我们一样，也发觉了红色纸牌的危险。但他们的手掌却一滴汗也没有，更没有人产生蓝牌优于红牌的直觉，并且，即使在参悟出游戏的目的所在后，也没有一人调整战略来避开危险的纸牌。他们在意识层面上明白了什么是正确的选择，但这并不足以改变他们玩游戏的策略。实验团队中的一名研究人员安托万·贝沙拉（Antoine Bechara）说："他们就像吸毒成瘾的人一样。瘾君子能够清楚地表达出其行为带来的后果，但却无法做到言行一致。其中的问题出在大脑，而这正是我们研究的重点所在。大脑腹内侧前额叶皮质区域损伤所导致的，是患者的所知与言行之间的脱节。"我们的潜意识默默地将我们推上正轨，以手心出汗等微妙的形式提示我们做出正确的选择，而这些病人在此方面恰恰有所缺失。身处风险高涨、瞬息万变的环境之中，我们并不希望和艾奥瓦大学实验中的脑损伤患者一样，过于沉着与冷静，也不愿意呆站在一处，无休无止地权衡所有的选项。有时，在潜意识密室中所做的决定，能让我们受益更多。[6]

2. 叙事的弊端

在前不久的一个凉爽的春夜里，24 个男女齐聚在曼哈顿一家酒吧的包房里，参与一项名为“闪电约会”的特殊活动。这些人都是年轻的职员，20 来岁的光景，其中有的是华尔街初出茅庐的职员，有的是医学院学生或学校教师，还有 4 位女士从附近的安妮克莱因珠宝总部结伴而来。到场的女性上身一律穿黑色或红色毛衣，下身则穿牛仔裤或深色长裤。男士中除了两个人，都清一色地身穿“曼哈顿工装”，也就是深蓝色衬衣配黑色便裤。刚开始时，他们手中各自紧攥着自己的饮料，颇为尴尬地随意闲聊了一会儿。接着，当晚活动的组织者，一位名叫凯琳的高挑而迷人的女士示意大家安静下来。

凯琳说，每位男士将各有 6 分钟的时间，与每位女性进行交流。在此期间，女士们将靠墙坐在环绕房间摆放的低矮的长沙发上，而男士们则轮流与每位女士交谈。每当凯琳按铃提示 6 分钟已到时，男士们就应移向下一位女士。前来赴约的人都会拿到一枚徽章和一个编号，并要填写一份简表。根据表上的说明，如果他们在 6 分钟内对某人产生了好感，便要在表上对方编号旁的方框里打钩。如果双方恰好互选，那么两人都会在 24 小时内收到对方的电子邮箱地址。房间里充斥着满怀期待的低语声，几个人抓紧最后的几分钟跑去厕所方便停当，然后，凯琳按响了铃。

男男女女各就各位，房间里霎时间炸开了锅。男士们的椅子离女士们的沙发隔有一段距离，因此双方必须得将手撑在膝盖上，向前倾身。一两名女士竟然在沙发坐垫上跳来跳去；与 3 号桌的女士攀谈的男士不小心将啤酒洒在了她的大腿上。坐在1号桌旁的褐发女士名叫梅利莎，她像发连珠炮似的向男方发问，使尽浑身解数想让他打开话匣子：“如果你能实现3个愿望，那些愿望都会是什么？你有没有兄弟姐妹呀？你一个人住吗？”在另外一桌旁，一位非常年轻的金发男士戴维询问女方缘何参加当晚的活动，女方回答：“我今年26岁了。我的好多朋友都和她们的男朋友是中学时的老相识，现在有的订婚、有的结婚，而我还是单身，我都要抓狂了！”

沿着房间一侧有一个吧台，凯琳就站在吧台旁边：“如果两情相悦，你就会感到时光飞逝。反之，你就得经历一生中最漫长的6分钟了。”她一边看着局促交谈着的男男女女，一边说道：“有时事情会出乎你的意料。去年11月，有个从皇后区来的男人带来了一打红玫瑰。他给每位与他交谈过的女性各发了一支玫瑰，还穿了一身正装赴宴。那情景我真是永生难忘。”她浅浅一笑：“他可真是全副武装，准备大干一场了。”

在过去的几年中，闪电约会在全世界刮起了一阵旋风，不过这也在情理之中。闪电约会将整个约会过程浓缩成为一个简短的瞬间决断，每一个参与者都在试图解答一个简单的问题：我是否还愿意再见这个人一面？要想揭晓答案，我们并不需要一整晚的时间，我们需要的不过是几分钟而已。举个例子，在4位来自安妮克莱因珠宝总部的女士中，有一位名叫维尔玛。她说她当晚一位男士也没有看上眼，并且几乎是在与男方开始交谈的一瞬间就做出了决定。她不屑地说：“他们一开口说‘你好’，我就当场兴趣全无了。”罗恩是一位在投资银行担任财政分析师的男士，他选中了两位女性，其中一位是他在交谈了约一分半钟后选定的，而2号桌的莉莲，则让罗恩在面对她坐下的霎时间就拿定了主意。他不无赞赏地说：“她打了舌环。在这种场合里，我本以为会碰到一群律师，但她可真是与众不同啊。”莉莲也倾心于罗恩，她问道：“知道为什么吗？他是路易斯安那人，我爱死那里的人的口音了。我还故意把钢笔掉在了地上，想试探他会做何反应，谁知他马上就帮我拾起来了。”事后我们发现，许多女性第一眼就对罗恩产生了好感，而莉莲也让许多男士一见钟情，两人都富有感染力和动人的活力。活动结束时，身着蓝色外套的医科学生乔恩说：“你知道吗，女孩子都挺聪明的。不消一分钟她们就知道：我喜不喜欢这个男生；这是个能带回家见父母的人呢，还是个花心大萝卜呢？”乔恩的话可谓切中要害，但是，聪明的人并不仅仅是女孩子。在使用薄片分析法考量约会对象的时候，差不多人人都是好手。

但是，假如我稍微改动一下闪电约会的规则，会发生什么状况呢？如果我试图一窥潜意识密室的究竟，让每个人都解释其决策背后的原因，那又会是怎样的一番光景呢？我们知道，这显然是不可行的：我们的潜意识思维机器是永远无法被窥探的。但如果我不撞南墙不回头，偏要逼着人们解释其第一印象和瞬间决断的理由呢？哥伦比亚大学的两位教授，希娜·艾扬格（Sheena Iyengar）[①]和雷蒙德·菲斯曼（Raymond Fisman）就做过这样的实验。他们发现，当人们被迫对自己的判断做出解释时，我们会发现一种令人费解的奇怪现象：使用薄片分析法时原本浅显易懂的东西，却变得晦涩难懂了。

---

① 希娜·艾扬格，《选择》（中信出版社，2019年版）一书的作者。——编者注

艾扬格与菲斯曼这两位搭档显得有些格格不入。艾扬格是印度后裔，菲斯曼则是犹太人；艾扬格是一名心理学家，而菲斯曼则是一位经济学家。两人曾在一场派对上争论包办婚姻和自由婚姻相比之下各自的优点，借此契机，两人决定一起搭档研究闪电约会。“据说我们已经成功撮合了一对恋人，他们已经相处许久了。”菲斯曼告诉我。他身材消瘦，看上去活像一个十几岁的小伙子，话语间带着一种冷嘲式的幽默：“我很自豪。地球人都知道，撮合 3 对恋人后，你就能升到犹太教的天堂了，所以我已经离天堂不远啦。”两位教授将举行闪电约会派对的场所选在百老汇“西部酒吧”的里屋，正对着哥伦比亚大学的校园。这里的闪约派对与纽约标准的闪约派对几乎一模一样，但两者有一个不同点：参与前一种闪约派对的人，除了赴约和在与对方对应的方框里打钩，还需要分别在活动开始之前、活动结束当晚、一个月后，以及半年之后填写 4 份简短的调查问卷，用 1~10 评定他们期望在未来伴侣身上找到的特质，这些特质分别为：“吸引力”、“共同爱好”、“滑稽 / 幽默感”、“真诚”、“才智”，以及“雄心抱负”。另外，在每次“约会”之后，参与者都要依照以上特质，为刚才约会中的对象打分。如此一来，待整晚活动结束后，菲斯曼和艾扬格会得到一份图表，上面详细显示着约会过程中每个参与者对自己感想的记录。而当你看到这张图表时，会发现一种难以解释的现象。

我参加过一次哥伦比亚大学的闪电约会活动。其间，我将注意力聚焦在了一位皮肤白皙、有着一头金黄色卷发的年轻女士和一位身材高大、活力十足、有着一头棕色长发的碧眼男士身上。我不知道他们的名字，我们就且称他们为玛丽和约翰吧。我观察了两人的整个约会过程，谁都能够看出，两人相互产生了好感。约翰在玛丽的桌旁坐下，两人目光相遇，玛丽含羞地低下头，她看上去有一点点紧张，接着，她在椅子上往前倾了倾上身。从外表来看，两人的一见钟情是显而易见的。但是让我们进一步推敲一下，来提几个简单的问题。首先，玛丽对约翰个性的评价，是否与她在活动开始前所述的心仪男伴身上应具有的特质吻合呢？换句话说，在预测自己所喜欢的男性特质上，玛丽的准确率如何呢？对于菲斯曼和艾扬格来说，这个问题不过是小菜一碟。他们发现，在实际约会中，吸引闪电约会参与者的特质与其此前所述并不一致。若玛丽在活动前表示自己想找一位睿智而真诚的男士，那么这绝不表示她只会对这类男士产生好感。而她当晚的最佳人选约翰很可能是个风趣而迷人但却并不睿智而真诚的人。并且，如果当晚博得玛丽芳心的男士都很风趣、迷人，但却都不大睿智、真诚，那么翌日，当玛丽按照要求对她的真命天子做出描述时，她很可能会改口说自己喜爱的是风趣而迷人的类型。但这只是翌日的情况。如果一个月后我们再去问玛丽，她的喜好可能会又转回睿智而真诚型男士了。

如果你觉得上面一段话让你有些丈二和尚摸不着头脑，也确实情有可原。因为这的确令人费解。玛丽描述了她的理想伴侣，接着，她在一屋子候选男士中遇到了情投意合的男伴，但在那一瞬间，她对心上人的要求却发生了翻天覆地的变化。而一个月过后，她又转念回到了她原先所喜欢的类型了。那么，玛丽究竟希望自己的男伴具有什么样的特质呢？

我向艾扬格提出了这个问题，她回答说："我不知道。我之前所描述的自己，究竟是不是真正的自己呢？”

她稍做停顿，菲斯曼接过话题：“不是的。真实的自己是通过自己的行动表现出来的。经济学家都会这么说。”

艾扬格一脸茫然：“我不认为心理学家们会这么定义。”

两人争执不下。但话又说回来，这个问题也的确没有所谓的正确答案。玛丽觉得自己喜欢男性身上的某些特质，这个想法并没有错，只是不完整罢了。在玛丽的描述中，她最先流露出的，是意识层面上向往的理想对象的条件，也就是在她坐下来深思熟虑时，自认为需要心上人所具有的品质。但在她与别人面对面交流的一瞬间，她用来构建自己喜好的条条框框便开始有所动摇了。这是潜意识密室门后紧锁的信息在起作用。

在与职业运动员共事的过程中，布雷登也有过类似的经历。几十年来，他一直非常注重让自己与尽可能多的世界顶级选手交流，询问对方为何，以及是如何达到他们今天的水平的，但所得到的答案却无一例外地让他失望。他告诉我：“我们在对顶级选手的所有研究中，还没有发现哪位选手对自己表现的见地和解释是始终连贯的。时期不同，他们的回答也不尽相同，有的回答简直毫无意义可寻。”布雷登做过一项实验，他录下世界顶级网球选手的比赛，将动作数字化，使用电脑将动作分解成一帧一帧的，并由此对细节进行精确的观察：比如，皮特·桑普拉斯（Pete Sampras）在发反手斜线球时，肩膀旋转了几度。

在布雷登进行过数字化处理的录像带中，有一盘是网球名将安德烈·阿加西正手击球的录像。图像已进行过逐帧分解，阿加西的形象也被简化为一副骨架，因此在做击球动作时，他身体每一处关节的活动都能被看得一清二楚，并可供工作人员测量。这盘阿加西击球时的录像带清晰地展示了，我们是无法对自己在某一瞬间的行动方式做出描述的。布雷登说道："几乎全世界的所有专业选手都说，他们在正手击球时会使用手腕将球拍旋转到球的上方。为什么呢？他们在击球时看到了什么吗？看这里，"布雷登边说边指着屏幕，"看到他击球了吧？在经过数字处理的画面上，选手的手腕即便仅仅旋转 45 度，我们也看得到，但选手们的手腕几乎是纹丝不动的。看看这手腕多稳、多固定，他的手腕直到击球后许久才有所活动。他认为自己的手腕在网拍触球时就动了，但其实是在网拍触球之后很久才动的。为什么有那么多人都被迷惑了？人们付给教练成百上千美元，想要学会如何在网球的上方旋转手腕，但结果呢？胳膊受伤的人数持续激增，仅此而已。"

布雷登在棒球运动员特德·威廉姆斯（Ted Williams）身上也发现了同样的问题。威廉姆斯可能是有史以来最伟大的击球手了，他深谙击球的艺术，广受人们的尊崇。威廉姆斯总说自己能使用目光，即通过目光跟踪来测出球棒与球接触的位置。但是布雷登凭自己在网球界的经验判断，这是天方夜谭。当向选手飞来的网球与选手的距离少于 5 英尺时，由于球与人的距离过近，加之球速过快，选手是无法看清楚球的。那时的选手实际上与盲人无异，而棒球亦是如此，没有人能用目光来击球。布雷登说道："我见过特德·威廉姆斯本人一次。当时我们一同出席了西尔斯公司（Sears）的一场活动。我说：'嘿，特德，我们刚做了一项实验，发现人类根本无法使用目光跟踪球飞到球棒上的过程，整个过程用时才不过3毫秒啊。'”他倒是挺诚实的，说：“嗯，我想可能是我觉得自己能够做到吧。”

特德·威廉姆斯在击球方面可谓无可匹敌，他也能自信满满地对自己的击球方法做出解释说明。但是，他的解释与其实际行动并不相符。同理，玛丽对心仪男士的描述也不可避免地与实际上吸引她的男士有所出入。作为人类，我们在叙事时总犯一个毛病，非要在尚无法说清的事情上急匆匆地冠以一个解释。

许多年以前，心理学家诺曼·R. F. 梅尔（Norman R. F. Maier）做过一项实验，他在一个房间里堆满了各式工具、器物和家具，并在天花板上拴了两根长绳。两根绳子的间距很远，若你一手握住其中一根绳子的末端，另一只手是够不到另一根绳子的。每一个进屋的实验对象都需要回答相同的问题：你能想出几种方法，将两根绳子的末端系在一起？这个问题共有4种解决方法。第一种方法是尽量将一根绳子朝另一根的方向牵引，并将其固定在椅子等物体上，再去拉另一根绳子。第二种方法则借助外物的长度，譬如将一根电线系在一根绳子的末端，再衔接到另一根绳子上。第三种方法是，先用一只手握住一根绳子，再使用长竿等工具将另一根绳子够过来。梅尔发现，大多数人都能不费吹灰之力地想出这三种解决方案，但是，想出第四种方法的人——像钟摆一样荡起第一根绳子，再抓住另一根绳子——可就寥寥无几了。很多人都被这最后一种方法难倒了。梅尔让他们坐下来琢磨10分钟，接着，他默默地走到房间另一边的窗户旁，随意地轻轻触碰一根绳子，绳子随即前后摆动了起来。果然，在这之后，大多数人都恍然大悟，想出了钟摆方案。但当梅尔让他们描述自己是如何想出此方案的时候，却没有一人能给出正确的原因。正如梅尔所写：“他们给了许多种解释：‘我豁然顿悟了’‘这是剩下的唯一方法了’‘我忽然意识到，在绳子上绑上重物会使之摆动’‘可能是哪节物理课给了我灵感吧’‘我绞尽脑汁想把绳子牵过来，唯一的方式就是将其荡过来’。一位心理学教授给出的描述是这样的：‘我把一切方法都想了个遍，剩下的唯一选择就是将绳子荡起来。我脑中浮现了使用绳子荡到河对岸的场景，还出现了几只猴子在树上荡来荡去的画面。这些画面一出现，解决方案也就浮出水面了，这主意看上去万无一失。’”[7]

难道这些人是在撒谎？他们是不是羞于承认，自己只有在受到提示之后才能解决问题呢？完全不是这样的。只是梅尔给出的暗示太为隐晦，人们只能从潜意识层面加以领悟罢了。整个过程都是在潜意识密室的门后完成的，因此，当梅尔非要实验对象做出解释时，他们只得拼凑出一个在他们看来最为言之有理的答案。

这就是我们在享受潜意识的种种好处时所付出的代价。在解读别人，对其想法——尤其是潜意识层面的想法——做出解释时，我们必须要多加留心。当然，当谈到恋爱的话题时，这一点我们都懂。我们知道，理性地描述出心仪的对象是难于登天之事，因此，我们会通过约会来检验自己对心仪对象特质的推测是否准确。除此之外，每个人都知道，无论是学习网球、高尔夫，还是一件乐器，专家的演示要比单纯的口授效果好得多。我们通过范例和直接经验来学习，因为口头的说明具有诸多局限性，不足以给予我们足够的指导。但在生活的其他方面，我们也并没有处处重视潜意识的神秘力量，更没有时时提防叙事的种种弊端。遇到无法解释的议题时，我们却往往不搞清楚原因就誓不罢休。在本书接下来的章节里，我们会一起探究这种做法可能会造成的严重后果。心理学家乔舒亚·阿伦森说过："在 O. J. 辛普森（O. J. Simpson）杀妻一案裁决之后，一个陪审团成员在电视上坚定不移地说：'我的决定与种族毫无干系。'但她究竟何以如此确定呢？我的种族与测试成绩实验、巴格的打断对话用时实验，以及梅尔的绳子实验统统表明，人们不但对影响自己行为的因素一无所知，并且几乎从没意识到自己的一无所知。我们需要接受自己的一无所知，多说一些'我不知道'。"

当然，我们在梅尔的实验中还能发现另一种有意思的现象：梅尔的实验对象都被题目难住了，个个垂头丧气。他们在那里坐了整整 10 分钟，毫无疑问，其中肯定有许多人认为自己把一项重要的测试弄砸了，认为自己愚蠢透顶。但实际上，他们并不愚蠢。为什么呢？因为屋里在座的所有人都不只拥有一种思维，而是两种。在显意识受阻时，他们的潜意识却在一刻不停地观察着房间，筛选着可行的方案，并分析着各种线索。一旦线索出现，潜意识便坚定不移且悄无声息地为他们指点迷津。

• 3

沃伦·哈丁假象：我们为何会对高挑而黝黑的俊男倾心

我们的直觉在我们的经历和环境中产生，这意味着，通过改变构成直觉的经历与环境，我们便可以改变我们的直觉。

1899年的一个清晨，在俄亥俄州里奇伍德“环球酒店”的后花园里，两个男人在擦鞋的过程中相识了。其中一位是来自俄亥俄州首府哥伦布的律师兼议员，名叫哈里·多尔蒂（Harry Daugherty）。他身材魁梧，脸色红润，蓄着黑色直发，是个不折不扣的人才，可谓俄亥俄州政界的马基雅弗利[①]，是一个典型的幕后操纵者。他目光犀利，于人于事都能够洞若观火——起码在政治机遇上能做到眼明心亮。另一位男士是一个来自俄亥俄州马里恩小镇的报纸编辑，一周之后当选为俄亥俄州参议员的沃伦·哈丁（Warren Harding）。多尔蒂只朝哈丁看了一眼，便立即被眼前这个人彻底征服了。记者马克·沙利文对当时的情景做了这样的描述：

> 那年哈丁35岁，外形良好，英俊迷人。他的头部、五官、肩膀以及躯干大小适中，比例匀称，全世界的男性都会不加吝惜

① 马基雅弗利（Machiavelli），意大利新兴资产阶级思想政治家及历史学家。——译者注

地对他的帅气大加赞赏——几年之后，当他被广泛熟知后，人们偶尔会使用“罗马人”这个词来描述他。从台上迈步向下走时，他的双腿显示出他那引人注目、惹人艳羡的身材比例，他昂首挺胸、步履轻盈、举止得体，这些都衬得他更加风度翩翩，既优雅又不失阳刚。他魁梧健壮，身材高大，两只大眼睛间距宽而炯炯有神，头发乌黑浓密，标致的面庞泛着古铜色泽，为他平添了几分印度人的英气。他将自己的座位让给另一名顾客，彬彬有礼的态度中透着对全人类的友善。他声似洪钟，和蔼而不失男人气概。他饶有兴致地打量着擦鞋匠的鞋刷，散发出小镇男人罕有的对服饰道具的敏锐直觉。从他留下小费这一个举动中，我们看到了他心地的良善，也看到了他诚挚的仁爱，以及那真诚播撒快乐的美好愿望。

多尔蒂打量着哈丁，霎时间，一个即将改写美国历史的想法涌上心头：这个人能不能成为一位伟大的总统呢？

沃伦·哈丁并不是一个天资聪颖的人。他爱好打扑克牌和高尔夫，还喜欢饮酒，而他最大的激情所在，当属追求女人了——说得露骨一些，他的性欲可谓强得出奇。他从一个政府部门调转到另一个部门，却从未有过什么可喜的业绩。在对待政治事宜方面，他也是心猿意马、瞻前顾后。曾有人将他的演讲描述为“一串文不着调的浮夸词语在没头没脑地找寻着主旨”。1914 年当选为国会参议员后，他缺席了对女子选举权和否决权的讨论，而这两个议题可都是当时历史上举足轻重的政治问题。他之所以能在俄亥俄州的政界平步青云，多亏其妻子弗洛伦斯的帮助以及哈里·多尔蒂的幕后操作。除此之外，随着年龄的增长，他变得越发仪表堂堂，这一点也是功不可没的。在一次晚宴上，一个支持者脱口而出："真见鬼了！他看上去真是一位像模像样的议员啊。"为哈丁书写传记的弗朗西斯·拉塞尔（Francis Russell）是这样描述他刚至中年时的样貌的："他那乌黑浓重的眉毛与银灰色的头发形成了鲜明对比，为他平添了几分力度感，而他那宽阔的肩膀和古铜色的面庞则为他带来生机和活力。"据拉塞尔说，如果哈丁披上一件古罗马外袍，他简直可以直接登台饰演尤利乌斯·恺撒了。多尔蒂之所以安排哈丁在1916年共和党的总统会议上发言，是因为他明白，人们只需一睹哈丁的外貌，一听他深沉的磁性嗓音，就会对他的升官之路深信不疑。1920年，多尔蒂不顾哈丁的意见，说服他参加总统竞选。多尔蒂可不是在开玩笑，他要动真格的了。但他的这个判断却让他马失前蹄。

沙利文写道："自从两人见面时起，多尔蒂就一直在心中暗想，哈丁可能是个'好总统'胚子。有时，他会不经意地说哈丁是个'好看的总统'胚子——这才是大实话。"1920年夏，哈丁参加共和党全国大会，在6名候选人中排名垫底。而多尔蒂却不以为意，他预测，代表大会将会因无法从排名最高的两名候选人中定下胜出者而陷入僵局，会议代表们则会因此被迫另谋人选，到了那个刻不容缓的关头，除了这位散发着亲和力和庄重之气、极具总统风范的候选人，会议代表们到哪儿去找更加合适的人选呀？工作日一大早，在芝加哥黑石酒店烟雾缭绕的密室里，会议代表们齐聚一堂。共和党的头头们举手发问，到底有没有一个能让大家一致同意的候选人？大家立即想到了一个名字：哈丁。他不是恰巧具备总统候选人的外形吗？于是，议员哈丁摇身一变，成为总统候选人哈丁；接着，在时年秋天，哈丁在他位于俄亥俄州马里恩住家的阳台上举行了参选仪式，并从此成为哈丁总统。哈丁就职两年后，便因中风而猝死了。大多数历史学家一致认为，他是美国历史上最失败的总统之一。[1]

1. 薄片分析法之阴暗面

至此，我们已经目睹了薄片分析法的强大力量，也明白了要想使用薄片分析法，我们就必须迅速地剥开事物的表面，直捣其核心的道理。托马斯·霍温、伊夫琳·哈里森以及艺术史专家们在顷刻之间就看穿了造假者的诡计；在仔细观察比尔和苏珊的交流过程，测量两人之间正负情绪之比后，我们发现，这对第一眼看上去仿佛天造地设的夫妻，正走向一个我们始料未及的结局；纳里尼·安贝蒂的研究向人们揭示，如果我们不被医生身上穿的白大褂和墙上挂着的毕业证书迷惑了双眼，而仅仅将注意力集中在其语音、语调上，我们将会精确地推测出此人遭到起诉的概率。但是，如果这一系列快速的思考过程被某种因素打断；如果我们在瞬间决断时，永远不能冲破表面现象的阻碍，那我们又该何去何从呢？

在上一章中，我为大家叙述了约翰·巴格组织的一项实验。他向我们揭示，人们对某些词语（如“佛罗里达”、“灰色的”、“起皱”以及“宾戈游戏”）产生了影响深远的联想，甚至于仅仅看到这些词语，我们的行为就会发生改变。我认为，人的外表，即高矮胖瘦和肤色性别，也同样能够触发我们的联想。在见过沃伦·哈丁的人中，许多人都因为他的仪表堂堂和英气逼人而贸然做出了毫无根据的判断，认为他是具有雄才大略的诚实正直之人。人们没有破除表面的迷障，哈丁的外表隐含了太多强而有力的信息，将人们的理性思考扼杀在半途中。

“沃伦·哈丁假象”揭示了快速认知的阴暗面，这个阴暗面亦是激发大量偏见与歧视的罪魁祸首。正因如此，为一项工作确定合适的人选才会让人一筹莫展；正因如此，一些平庸之辈才得以身居要职——虽然有时我们并不乐于承认这个事实。若要认真对待薄片分析法和第一印象，我们就需要认识到，人们在一瞥之间对事物的理解，有时会比长达数月的研究还要深入。但我们也同样应该了解和承认，瞬间产生的认知也会成为我们误入歧途的幕后黑手。

2. 黑白肤色的瞬间决断

近年来，潜意识联想——心理学家们习惯称之为内隐联想（implicit association）——在我们的信仰和行为中所扮演的角色，吸引了越来越多心理学家的目光。其中，大量的研究工作都是围绕一种很有趣的测试展开的。这种测试名为内隐联想测试（Implicit Association Test, 简称 IAT），是由安东尼·G. 格林沃尔德（Anthony G. Greenwald）、马扎林·贝纳基（Mahzarin Banaji）以及布赖恩·诺塞克（Brian Nosek）三人，根据一种常见而深奥的现象构想出来的。[2] 在我们的脑海中，有些想法已被我们归为一类。我们在为这些想法建立联系时所用的速度，要比我们为陌生的想法建立联系的速度更快。这句话是什么意思呢？让我给你举例解释吧。下文中有一组单词，请你拿一支铅笔或钢笔，在每个名字的左边或右边打钩，将每个名字划分至其所属的组别里。你也可以用手指直接点出正确的组别。做题时请用最快的速度，不要跳过任何一个名字，也不要担心犯错。

男性		女性
……………	约翰（John）	……………
……………	鲍勃（Bob）	……………
……………	埃米（Amy）	……………
……………	霍莉（Holly）	……………
……………	琼（Joan）	…………………
……………	德里克（Derek）	…………
……………	佩姬（Peggy）	……………
……………	贾森（Jason）	……………
……………	莉萨（Lisa）	………………
……………	萨拉（Sarah）	……………

挺容易的，对不对？题目之所以容易，原因在于，当我们读到或听到“约翰”、“莉萨”、“鲍勃”或“霍莉”时，我们并不用去思考这些是男性还是女性的名字。我们早就把“约翰”这类名字与男性联系了起来，也知道“莉萨”等名字的主人对应的是女性。

以上只是热身。现在让我们来做一道真正的内隐联想测试题目吧。这道题目与热身题目的做法相似，但我将两个完全没有联系的组别混合在了一起。同样地，你要做的还是在每个词语的左边或右边打钩，为其选择对应的组别。

男性 或 职业		女性 或 家庭
……………………	莉萨	……………………
……………………	洗衣店	……………………
……………………	企业家	……………………
……………………	约翰	……………………
……………………	商人	……………………
……………………	鲍勃	……………………
……………………	资本家	……………………
……………………	霍莉	……………………
……………………	琼	……………………
……………………	家	……………………
……………………	公司	……………………
……………………	兄弟姐妹	……………………
……………………	佩姬	……………………
……………………	贾森	……………………
……………………	厨房	……………………
……………………	家务	……………………
……………………	双亲	……………………
……………………	萨拉	……………………
……………………	德里克	……………………

我猜，大多数读者都会觉得此题要稍难了一些，但还是能够很快地将词语归入正确的组别中吧？现在，来试试这道题。

男性或家庭		女性或职业
…………………	婴儿	…………………
…………………	萨拉	…………………
…………………	德里克	…………………
…………………	商人	…………………
…………………	就业	…………………
…………………	约翰	…………………
…………………	鲍勃	…………………
…………………	霍莉	…………………
…………………	家事	…………………
…………………	企业家	…………………
…………………	办公室	…………………
…………………	琼	…………………
…………………	佩姬	…………………
…………………	表兄弟姐妹	…………………
…………………	祖父祖母	…………………
…………………	贾森	…………………
…………………	家庭	…………………
…………………	莉萨	…………………
…………………	公司	…………………

发现这道题的不同之处了吗？这道题比上一道题要难了不少，对吗？与“职业”和“男性”合为一组的情况相比，在“职业”和“女性”共为一组的情况下，大多数人将“企业家”一词归入“职业”组时，花费的时间要稍长一些。这是因为，在绝大多数人的心中，“男

性”与诸如“事业”等概念的联系较为紧密，而“女性”与“事业”之间的联系则相对松散。在我们看来，“男性”与“资本家”的联系，就像“男性”与“约翰”的联系一样密不可分。然而，如果要将“商人”一类的词语划进“女性或职业”这样的组别，我们便不得不慢下来加以思考了——纵使只是短短的几百毫秒而已。

一般来说，心理学家在组织人们参加内隐联想测试时，并不会像我一样使用纸和铅笔，而是使用电脑完成的。测试进行时，每个词语会从电脑屏幕上依次闪过，当词语属于左手边的组别时，你就输入字母 e；若词语属于右手边组别，则输入字母 i。用电脑完成内隐联想测试的好处在于，实验人员可以以毫秒为单位，测量参与者的反应时间，并依此为参与者打出分数。因此，如果你花在关于“职业 / 家庭”测试第二部分的时间稍长于第一部分，这说明，你对“男性”和“职业”并没有形成过于紧密的联系。而如果你花在第二部分的时间明显长于第一部分，那么这就表明，在谈到职业问题时，你会不由自主地将“职业”与“男性”紧密联系在一起。

近年来，内隐联想测试已经成为一种炙手可热的实验工具，原因之一在于，它的测量很细致，得出的结果也让人一目了然。如果读者们在做“职业 / 家庭”测试的第二部分时，感觉到自己的做题速度有所减慢，那么你们就不难发现，内隐联想测试的测试结果着实会给人当头一棒。格林沃尔德告诉我们：“如果词语和组别的联系对于被试来说较为紧密，人们的做题用时为 400~600 毫秒；反之，用时则可能要多两三百毫秒。就实验结果来说，这算是很明显的差距了。我的一位认知心理学家同事形容说，这项实验用日晷来测量都没问题。”

如果你对计算机版本的内隐联想测试有兴趣，你可以登录 http://www.implicit.harvard.edu 去看看。这个网站上有几个不同的测试，其中包括内隐联想测试中最具名气的种族测试。我已经做过好几次这个测试了，而每次的测试结果都令我有些不寒而栗。测试开始时，参与者需要回答自己对黑人和白人的看法。我的答案是，两个人种是平等的，我相信绝大多数读者也会如此回答。随后，测试便开始了，参与者需尽量快速回答题目。最先出现的是一道热身题，屏幕上闪过一组人脸的照片，看到黑人的面部时，参与者需输入字母 e，以将照片归

美国白人	美国黑人
或	或
坏的	好的

……………………受伤的……………………

……………………邪恶的……………………

……………………辉煌的……………………

……………………精彩的……………………

类到左手边的组别；看到白人的面部时则输入字母 i，以将其归入右手边的组别。这就是个瞬间决断、瞬间决断、瞬间决断的过程，我根本无须思考。接着，第一部分出现了。

突然之间，让我疑惑不解的事情发生了。这个将词语和照片划入正确组别的任务，突然变得十分困难。我发现我的速度慢了下来，我需要考虑了。有时，我会将原本想要划入一个组别中的某一项，划入另一个组别中。我咬紧牙关尽量凝神专注，但一种羞耻感在我心中油然而生。在“好的”与“美国黑人”合为一组的情况下，把“辉煌的”或“精彩的”划入其中为什么对我来说会这么困难呢？而当“坏的”与“美国白

美国白人 或 好的	美国黑人 或 坏的

…………………………受伤的…………………………

…………………………邪恶的…………………………

…………………………辉煌的…………………………

…………………………精彩的…………………………

人”同属一边时，将“邪恶的”划入“坏的”组别又为何让我如此吃力呢？接下来，第二部分出现了。这次，组别中的词语互换了。

做这部分题目对于我来说简直是手到擒来之事。至此，我的羞耻感越发强烈了：

> “邪恶的”属于“美国黑人”或“坏的”一组。
>
> “受伤的”应该是“美国黑人”或“坏的”一组。
>
> “精彩的”应该归于“美国白人”或“好的”一组。

我把这个测试重做了一遍，然后又做了第二遍、第三遍、第四遍，希望能够驱散种族歧视的感觉，但却都是枉费功夫。实际上，在所有参加过这个测试的人中，超过 80% 的人都对白人有积极的联系，也就是说，人们在将褒义词纳入“美国黑人”一栏时所花费的时间，要比将贬义词与“美国黑人”联系起来的用时要长许多。我的成绩还不算太糟，在种族内隐联想测试中，我获得的评价是：“对白人具有中等程度的习惯性偏向。”但话说回来，我可是半个黑人（我母亲是牙买加人）。

那么，这意味着什么呢？难道说，我是个种族歧视者，是个厌恶自己出身的黑人吗？事实并非如此。这个测试说明，我们对种族和性别等因素的态度，表现在两个层面上。首先是我们在意识层面上的态度。这是我们所选择的信仰，是我们约定俗成的价值观，也是我们刻意用来指导自己言行的工具。无论是南非的种族隔离政策，还是美国南方地区限制黑人选举权的法律，都是意识层面上歧视的表现。我们在谈及种族偏见或公民权斗争时，所说的也通常属于这种歧视。但内隐联想测试所评估的并非这种歧视，而是属于另一个层面上的，即我们所持的潜意识种族态度。换句话说，就是在我们还无暇思考之前，自动涌入我们大脑中的种种联系。我们不能有意识地选择自己的潜意识态度，并且，就如我在第一章里写到的，我们甚至连它的存在都无从察觉。我们那巨型的潜意识计算机安静地运行着，我们所经历的事情、遇见的人、学习的课程、阅读的书籍、看过的电影等，都被这台计算机作为数据加以处理，并形成我们的种种观点和想法。我们在内隐联想测试中所流露的，也正是这些观点和想法。

这个测试向我们揭示了一种令人费解的现象：我们的潜意识观点好像与意识层面上的观点全然不符。迄今为止，参加过种族内隐联想测试的美国黑人共有 5 万人，而实验结果表明，在这些黑人之中，有约一半的人像我一样偏向于白人。这也难怪，我们毕竟住在北美，身边每天都充斥着各种将白人与积极因素连在一起的文化信息。哈佛大学心理学教授、内隐联想测试研究组织者之一的马扎林·贝纳基（Mahzarin Banaji）说："我们将正面因素与优势群体联系在一起，这并非我们的选择，而是我们必须接受的。放眼看去，优势群体总是与正面的事物并肩而行。翻开报纸，打开电视，这种信息无处不在，我们无从逃脱。"

内隐联想测试不仅是对态度和看法的抽象评估，还是一位灵验的预言家，它对我们在特定条件下自发做出的行为了如指掌。如果你对白人表现出强烈的偏向，那么有证据表明，这种偏见就会对你在黑人面前的行为产生影响。你有意而为的措辞、感觉或行为并不会受到影响。十有八九，你可能连自己在黑人和白人面前的行为有何不同都无法察觉。但是，在与黑人交流时，你很可能会将身体前倾得少一些，稍稍将头转向别处，双手交叉置于胸前，或是言谈表情变得淡漠一些，眼神交流不那么频繁，将与对方的距离拉大一些，显得不苟言笑，在措辞上犹犹豫豫，说话有些结巴，听笑话时笑得也没有那么爽朗了。这些因素很重要吗？当然了！假设场景是一次工作面试，再假设面试者是一位黑人男性，他会嗅到你的迟疑和距离感，也很可能会因此丧失一些对自己的把握和信心，从而显得不那么健谈和友善了。而你会做何感想呢？你估计会产生一种直觉，认为这位面试者有能力上的欠缺，或者在为人处世方面有些淡漠，抑或并不渴望这份工作。换句话说，这些在潜意识层面形成的第一印象，能让整个面试都偏离正轨、误入歧途。

如果你的面试对象是个身材高大之人呢？我相信，从意识层面上来讲，我们并不认为自己会对个子高和个子矮的人区别对待。但是，我这里有充足的证据表明，“身材高大”这一因素的确会在我们的潜意识层面触发一系列强有力的正面联系，对男性来说尤其如此。美国财富 500 强企业由全美最大的企业组成，我对其中一半的企业做了调查，询问有关其企业 CEO 的信息。果不其然，这些大企业的 CEO 几乎都是白人。毋庸置疑，其中所反映的偏见是不言自明的。然而除此之外，这些 CEO 几乎都是高个子。在我的抽样调查中，我发现男性 CEO 的平均身高几乎达到了 6 英尺。我们知道，美国男性的平均身高是 5 英尺 9 英寸[①]，也就是说，这些 CEO 平均比其他同性高了 3 英寸。

---

① 1 英寸等于 2.54 厘米。1 英尺等于 12 英寸。——编者注

其实，这组数据并不足以彰显问题的触目惊心。在所有美国男性中，约有14.5%的人身高超过了6英尺，但在美国财富500强企业的CEO中，这个数据达到了58%。而下面这组数据更加发人深省：在全美人口中，身高高于6英尺2英寸的成年男性占了3.9%，而在CEO的抽样中，高于此身高的人几乎占了1/3。[3]

企业管理层中的女性和少数族裔的稀缺起码还是有理由可循的。多年来，由于性别歧视和文化方面的诸多因素，涉足美国企业管理层的女性和少数族裔寥寥无几。因而，当董事会成员们为高层职位物色资历合格的候选人时，他们会说CEO接班人中并没有太多的女性和少数族裔可供选择。但是，对于矮个子的人来说，这个理由就太过牵强了。一家大企业的全体职员都是白人男性的情况是可能出现的，但是大公司职员中是不可能没有矮个子的。原因很简单：没有那么多的高个子。但尽管如此，在晋升到CEO职位的人中，个子矮的人确实少得出奇。在美国，身高低于5英尺6英寸的男性足有上千万人，但在我的抽样调查中，晋升CEO职位的总计只有10位而已。这说明，个头矮小对一个人在企业中的地位造成的阻碍，可能与身为女性或黑人等因素是不相上下的。［在这些条条框框的限制中，一个例外的个案脱颖而出，他就是美国运通公司（American Express）的CEO肯尼思·切诺尔特（Kenneth Chenault）。肯尼思的出身给他带来了双重的不利因素：他不仅身高5英尺9英寸，而且还是一个黑人。抵御了双重沃伦·哈丁假象的他，无疑是个卓尔不凡之人。］

我们的这些偏见是不是刻意而为之举呢？当然不是。没有人会轻蔑地告诉一位CEO候选人："你太矮了。"显然，内隐联想测试所丈量的，是我们潜意识层面的偏见。绝大多数人虽然无法清晰地察觉，但却会不由自主地将领导能力和高大健硕的身材联系在一起。我们的心中已经对领导的样貌有了大体的预期，这种刻板印象根深蒂固，一旦有人符合这个特定的模式，我们便会对其他的因素视而不见。这并不仅仅是在 CEO 办公室中才适用的铁律。有人策划过 4 项大型研究调查，对数千名对象自出生到成人的过程进行了跟踪研究。研究人员对这 4 项研究得出的数据进行了分析测算，他们发现，如果将实验对象的年龄、性别和体重等变量校准，那么，每英寸的身高可以折合为约 789 美元的年薪。这意味着，若甲身高 6 英尺，乙身高 5 英尺 5 英寸，而除此之外两人在所有方面都别无二致的话，则甲平均每年要比乙多赚取约 5 525 美元。身高与薪水研究的发起人之一蒂莫西·贾奇（Timothy Judge）指出："如果将此概念放入 30 年的工龄之中，综合各种因素来看，一个个子高的人可以切切实实地享受到几十万美元的薪金优势。"[4] 你有没有想过，为什么有那么多的平庸之辈可以在公司企业中身居要职？这是因为，即使是在为最为重要的职位选人时，我们的大脑也远没有我们想象中那么理智客观——我们被身材高大的人迷得神魂颠倒了。

3. 关爱顾客

弗莱明顿·尼桑汽车经销店坐落于新泽西州弗莱明顿市中心，销售主管名叫鲍勃·戈洛姆（Bob Golomb）。戈洛姆 50 多岁，留着寸头，戴着金属边框眼镜，黑色的头发日渐稀薄。他身着式样保守的深色西装，看上去活像一个银行经理或证券经纪人。自从十几年前在汽车销售行业初试身手以来，他的销售业绩已经达到平均每月 20 辆，是行业平均业绩的两倍还多。在他的办公桌上并排摆放着 5 颗金色五角星，这是经销店老板为肯定他的成绩而授予他的。在汽车销售界，戈洛姆可谓不折不扣的大师级人物。

想要成为和戈洛姆一样出色的销售员，具备高超的薄片分析能力是十分重要的。当素昧平生的顾客走入你的汽车经销店时，他 / 她或许马上就要掏钱购买其一生中最贵重的一件物品了。这些人中有的显得心神不宁、惴惴不安；有的对自己的所需把握十足；有的对自己想要什么毫无头绪；有的人是汽车方面的行家里手，对持说教口吻的销售员并不待见；有的则被买车一事搞得晕头转向，巴不得有人手把手地加以指导。一个销售员若想成功，就必须搜集各种信息——比如先分析出一对夫妻或父女之间的关系，然后对信息加以处理，再调整自己的行为以见机行事，而这一切步骤，都要在与顾客刚碰面的瞬间全部完成。

鲍勃 · 戈洛姆显然对这种薄片分析法驾轻就熟，他俨然是汽车销售界的伊夫琳 · 哈里森。此人缄口少言，懂得察言观色之道，温文尔雅，毕恭毕敬，既周到又亲切，还是个无微不至的聆听者。他说他共用 3 条规则来规范自己的行为："关爱顾客。关爱顾客。关爱顾客。"如果你从他那里买了一辆车，他次日定会打电话给你，事无巨细地确认车况。如果你走进他的经销店却空手而归，他也会在第二天打来电话，感谢你的光顾。他说："即使你的心情很糟，也永远都要将最佳的一面呈现出来。就算家里的琐事一团乱麻，你也得给顾客带去最好的服务。"

初次与我会面时，戈洛姆拿出一本厚厚的活页夹，里面放着厚厚的一沓信件，这些都是对他的服务满意的客户寄给他的。他告诉我："这里每一封信的背后都有一个故事。"而他似乎对于每个故事都记忆犹新。在浏览信件时，他不经意地发现了一封机器打印的短信，便指给我看："这是 1992 年 11 月末进店的一对夫妻写的。那是个周六的下午，他们带着木然无神的表情来到店里。我问：'你们是不是已经为买车奔波一整天了？'他们说：'是。'所有经销店都没把他们当回事，但我最终卖给了他们一辆车。我得告诉你，那辆车是我们从罗得岛州那里提的货，专门派了司机，跑了400 英里[①]的路呢。他俩可满意了。"他又指了指另一封信："自 1993 年起，写这封信的男士已经在我们这里买了 6 辆汽车了。每次我们把车送上门，他都会给我们寄来一封信。这种情况很常见。比如这位男士，他家住在基波特附近，离我们店足有 40 英里远，但他还亲自上门给我们送过一盘扇贝呢。"

除此之外，戈洛姆的斐然业绩背后还有一个更加重要的原因。他说，他还有一条非常简单的行为准则：他或许会在瞬间对顾客的需求和心理下许多定论，但他从不会依据顾客的外貌来做评判。他认为，每个走入店门的顾客都有着完全相同的购车概率。

"干我们这一行，你可不能对人有先入之见。"在我们会面的过程中，戈洛姆不厌其烦地重复着这句话，而且每次说到这里，他的脸上便会浮现深信不疑的神情："先入之见是死亡之吻。你必须对每个人都展现出自己最好的一面。新店员会打量顾客，然后说'这个人看上

① 1 英里约等于 1.6 千米。——编者注

去买不起车吧’，这可是最大的忌讳。因为有时看上去最不靠谱的人偏偏是财神。我有一位顾客，他是务农之人，几年来我已经卖给他好几种款式的车了。我们握握手，生意就成交了。他递给我一张百元美钞，告诉我：‘把车开到我的农场来。’我们甚至连订单都不用签。依我说呀，假如你看到像他这样的一位顾客，穿着工装裤，身上沾着牛粪，你是不会把他当作买家来看待的。但实际上，用我们交易的行话来说，他其实是个‘大阔佬’。再比如，有时走进店里的是个十几岁的小男孩，销售员可能会故意对他视而不见。但就在同一天晚上，那个男孩可能就会带着他的爸爸和妈妈回到店里，挑选一辆车，但那时候开票的可就是其他销售员了。”

戈洛姆的言外之意是，绝大多数的销售员都会被沃伦·哈丁假象迷惑。在看到一名顾客时，不知为何，销售员对此人外表产生的第一印象是如此强烈，竟能使他们对其他方面的因素视而不见。而戈洛姆则截然相反：他会对各种信息进行严格的筛选，他先高高竖起触须，以感知顾客是自信的还是胆怯的，是行家里手还是汽车“小白”，是偏向于相信他人还是心存戒备；在这之后，他还会使用薄片分析法对这些信息加以删节，去除基于外表得到的印象和看法。戈洛姆的成功秘诀就是他与沃伦·哈丁假象战斗到底的决心。

4. 寻找冤大头

鲍勃·戈洛姆的策略为何如此见效？这是因为，沃伦·哈丁假象虽然对汽车销售行业有着举足轻重的影响，但此影响却是鲜为人知的。我们来看看 20 世纪 90 年代的一项精彩的社会实验。实验的组织者是一位来自芝加哥的法学教授，名叫伊恩·艾尔斯（Ian Ayres），他召集了 38 名实验对象，其中包括 18 名白人男性、7 名白人女性、5 名黑人男性以及 8 名黑人女性。为了让这些人的外表尽可能相似，艾尔斯颇下了一番功夫：这些实验对象都是 25 岁左右的年轻人，长相都比较普通，每个人都按照指示穿上了保守的便装——女性身着衬衫、直筒裙和平底鞋，男性则身穿马球衫或系扣衬衫、休闲裤和平底便鞋。按照规定，实验对象要走访芝加哥地区共 242 家汽车经销店，并且需要在实验中使用相同的背景信息：装成刚刚走上工作岗位的大学毕业生（职位都是银行系统分析师），居住在芝加哥的奢华住宅区。他们在实验中的任务更为具体：他们需要走进经销店，等待销售员主动接近他们，然后指着展厅内价格最低的一辆汽车说："我想买这辆车。"在听取了销售员的最初报价后，他们必须不厌其烦地与其讨价还价，直到销售员接受他们的出价或拒绝继续还价为止。几乎每位实验对象都在讨价还价的过程中花费了 40 分钟左右的时间。搜集完数据之后，艾尔斯将注意力集中在一个问题上：在其他因素完全相同的情况下，消费者的肤色或性别会对汽车销售员的最初报价产生怎样的影响呢？

实验的结果令人大吃一惊。原来，销售员向白人男性开出的最初报价，比经销商的进货价（即经销商从生产商购车时所支付的价格）高出 725 美元，而向白人女性开出的价钱则比进货价高了 935 美元。更有甚者，平均来看，黑人女性得到的报价要比进货价格高 1 195 美元。那么黑人男性呢？面向他们的报价竟要比进价高 1 687 美元。在经过了 40 分钟的讨价还价后，黑人男性所得到的报价，仍然要比进价平均高 1 551 美元。也就是说，经过了冗长的唇枪舌剑之后，艾尔斯实验中的黑人男性所得到的报价，仍然要比白人男性不费任何口舌所得到的报价高了 800 多美元。[5]

我们应该如何看待这种现象呢？我们能不能说，芝加哥的汽车销售员都是些极端的性别和种族歧视者呢？这种解释无疑有些偏激了。在汽车销售行业中，如果销售员能够说服其顾客按照标价（展厅汽车窗户上贴着的价格）购买汽车，并劝服这位顾客购买包括皮革车座、音响设备、铝合金轮胎在内的全套汽车精品套件，那么销售员从这位毫无戒备之心的顾客身上得到的佣金，有时可以抵上从六七位讨价还价的顾客那里所得的总和。换句话说，如果你是一个销售员，那么，寻找容易上钩的买主对你而言是很有诱惑力的。汽车销售员中甚至流传着一个术语，专门用来形容按标价买车的主顾，即“冤大头”。我们或许可以这样解释艾尔斯的实验：汽车销售员有一个非常笼统的概念，他们认为女性和黑人都属于“冤大头”。于是，当他们看到非白人男性顾客走进店里时，心中便会盘算：“哈哈！这个人肯定很容易上钩，我说不定能从他 / 她身上大捞一笔呢。”

然而，这样的解释并不太合理。毕竟，艾尔斯实验中的黑人和女性顾客发出的种种信号都清楚地表明，他们既不愚昧也不好骗：这些人是大学毕业生，有着收入不菲的工作，他们住在高档社区，穿着成功人士的服装，并且处事精明圆滑，能够用整整 40 分钟来讨价还价。这些特征中的哪一个能表明他们是“冤大头”呢？如果艾尔斯的实验证明了显意识歧视的存在，那么，芝加哥的汽车销售员们要么就是最愤世嫉俗的种族偏执狂（这看似不大可能），要么就是不会察言观色的呆瓜（这同样也不大可能）。我认为，这件事情背后的原因并不那么容易让人一目了然。会不会是某种因素（如经验、汽车销售学、业界流传的信息）影响了汽车销售员，让他们不由自主地将“冤大头”顾客与女性及少数族裔联系在了一起？会不会是某种存在于潜意识中的联系，如其致使参与种族内隐联想测试中的几百万个美国人将“邪恶”、“犯罪”与“美国黑人”联系起来一样，致使女性和黑人顾客从踏进店门的那一刻起，就被扣上了“冤大头”的帽子呢？

从显意识上来说，这些汽车销售员可能是种族和性别平等的坚决拥护者。他们甚至会不厌其烦地坚称，价格是在对顾客特征进行深入分析的基础上开出的。而实际上，这些销售员在每位顾客走进店门的霎时间所决定的要价，并非出于理性的分析，而是基于一种潜意识的反应。在艾尔斯的实验中，他们先是暗中观察到实验对象身上最显眼和最直接的特征，即他们的性别和肤色，然后便以此为基础决定要价。即使实验对象所展示的特征与销售员对其的第一印象相悖，销售员们也仍旧固执己见地坚持他们最初的判断。这像极了 1920 年总统大选时选民的行为：这些选民只看了沃伦·哈丁一眼，就停止了思考，并妄下结论。对于选民来说，他们犯下的错误使他们选出了美国有史以来最糟糕的一位总统；对于汽车销售员而言，他们对女性和黑人开出的离谱的高价，则会让有可能成为买主的顾客离店而去。

戈洛姆试着以人人平等的方式对待他的每一个顾客，因为他明白，单凭顾客的种族、性别和外貌就妄下定论是非常不明智的。有时候，一个不修边幅、身穿肮脏工装裤的农民，其实是一个拥有 4 000

英亩[1]农场的巨富；一个看似身无分文的毛头小子，一会儿就会带着父母一起来买车；一个年轻的黑人男子，可能是一个从哈佛大学毕业的工商管理硕士；一个娇小的金发女郎则可能执掌着全家人的买车大权；一个臂膀宽厚、下巴尖瘦的灰发男子，或许是个轻量级拳击手呢！因此，戈洛姆并不为搜寻“冤大头”而劳神，而是对每位顾客都开出一视同仁的价格。这样一来，他虽然会损失在单辆汽车上赚取的利润，但他的汽车销售量却在节节攀升。有关他开价公平的消息已经广为流传，在他的业务中，有接近三成的生意都源于满意顾客的口口相传。“我能不能仅看某人一眼，就判定‘这个人铁定会买车’呢？”戈洛姆问道，“想修炼到此种境界，非高人不可呀。这一点我是绝对做不到的，因为事情往往是出乎你的意料的。有时，我的顾客会一边晃着手中的支票簿，一边对我说：‘我今天是来买车的。如果价钱合适，我今天就付款。’但你知道吗？这种人十有八九是不会买车的。”

5. 想想马丁·路德·金

在沃伦·哈丁假象面前，我们又该何去何从呢？我们在这里所谈到的歧视和偏见都隐匿得很深，因而寻找其解决方法并非易举。如果有一条法规明文规定：禁止黑人与白人使用相同的饮水器喝水，那么解决方法很简单——更改这条法规就万事大吉了。但是，潜意识中的歧视就比较棘手了。1920 年的选民们并不认为自己受到了沃伦·哈丁

---

① 1 英亩约等于 0.004 平方千米。——编者注

俊美外貌的蒙蔽，艾尔斯实验中的芝加哥汽车销售员们也没有意识到他们对女性和黑人的压榨。同样，董事会的成员们也没能觉察他们对高个子人选所持的毫无根据的偏爱。当我们显意识之外的东西出错时，我们究竟该如何纠正呢？

其实，在直觉面前，我们并非无计可施。虽然直觉产生于我们的潜意识，也就是大脑中那间大门紧锁的密室，但是，即便某物源于显意识之外，也并不意味着我们注定要对其听之任之。举个例子，你可以一次又一次地参加种族或职业的内隐联想测试，每次都使出浑身解数，尽量提高在较困难一组上的反应速度，但到头来只不过是枉费心机。然而，如果在测试开始之前，我让你浏览了一系列有关马丁·路德·金、纳尔逊·曼德拉或科林·鲍威尔等人的照片或文章，那么我敢打包票，你的反应速度定会起变化。眨眼之间，将黑人与积极事物联系在一起仿佛变得不那么困难棘手了。贝纳基告诉我："我有一个学生，内隐联想测试作为他的第一项研究实验项目，是他每天都要做的。刚开始时，他只是将测试的数据统计在一起，但是有一次，他的测试结果显示他偏向于黑人。他自忖，'这可真奇怪。我从来没有得到过这样的测试结果。'很多人都尝试过多种方式，想要改变自己的测试成绩，但都屡试屡败。这个学生是个田径运动员，后来他意识到，当天早上他收看了奥运会比赛。"

我们的直觉在我们的经历和环境中产生，这意味着，通过改变构成直觉的经历与环境，我们便可以改变我们的直觉。换句话说，我们可以对运用薄片分析法的方式加以改动。假如你是一个希望对黑人一视同仁的白人，假如你想要对黑人建立起同你对白人一样积极的联系，那么你会发现，种族平等所需要的不仅仅是一个承诺那么简单。你需要改变自己的生活方式，频繁地接触少数人种，与他们和睦相处；你要熟悉少数族裔文化中的精华部分，从而避免在会面、面试、约会或交谈的过程中显得扭捏迟疑、局促不安。[6] 我们如果想重视快速认知的作用，想要认识到直觉对我们的生活好坏参半的巨大影响，我们就必须要积极行动起来，学会管理和控制自己的直觉。在本书接下来的内容里，我将会呈现给大家 3 个故事。故事中的人物都试着对抗直觉和瞬间决断对其的影响，有的人成功了，有的则遭遇了失败。但我认为，无论主人公成功与否，这些故事都给我们上了关键的一课，教会我们应如何更加深入地理解薄片分析法，并适应其非同寻常的强大力量。

4

保罗·范里佩尔之大获全胜：为自发行为定框架

瞬间决断之所以能在瞬间做出，是由于它的简洁明了。如果想要捍卫自己瞬间决断的能力，我们就得采取措施，删繁就简。

保罗·范里佩尔（Paul Van Riper）身材修长，他戴着金属边框的眼镜，光秃秃的头顶锃光瓦亮。他的声线沙哑，语气威严，走路时昂首挺胸，朋友们都叫他“老里”。12 岁那年的一天，他同双胞胎弟弟和父亲坐在一辆汽车里，父亲为他们朗读了一篇报纸上有关朝鲜战争的报道。父亲对兄弟俩说：“孩子们，战争就要结束了。杜鲁门副总统已经准备把海军陆战队派遣过去了。”就在那时，范里佩尔暗下决心：长大后，他一定要加入海军陆战队。第一次出征越南时，他在西贡市（现胡志明市）外的一片稻田里剿灭了一名北越机枪手，但自己也险些葬身炮火之中。1968 年，他重返越南，但此时的他已经晋升为麦克连的连长（海军陆战队第一师第七旅第三营），作战地位于南越一个满是稻田和山丘的地带，被夹在两块被海军称为“道奇城”的区域和亚利桑那管区的危险多发区域之间。他的任务是阻止北越军队往岘港（Danang）发射火箭弹。在他到任之前，这片区域每周都要遭到一两次火箭弹轰炸，但在他上任的 3 个月间，轰炸仅发生过一次。

理查德·格雷戈里曾在范里佩尔手下担任麦克连的枪炮军士，他告诉我：“我第一次与他相见的场景至今仍然历历在目。那是在岘港东南角的55号山头和10号山头之间，我们握手致意，他声似洪钟，中低音声调，说话直截了当、言简意赅，人也很自信，不搞什么花里胡哨的噱头。他就是这样一个人，在战争中也始终如一。他在我们的战地有一间办公室，其实就是一间小破棚屋，但我从没见他在那里面待过。他总是在战场上或地堡附近活动，一刻不停地琢磨下一步的行动。如果他在计上心头的时候，口袋里正好揣着纸片，他便会将想法记在纸上。等到我们开会时，他能从口袋里一股脑翻出来七八张小纸片呢。有一次，我和他在一片丛林里执行任务，他想要勘察几个区域，却无奈地被灌木阻挡了视线。离我们几米远的地方有一条河。老天爷呀！他居然连鞋都没脱，就一个猛子扎进水中，游到河中间，一边踏水前行一边侦察下游的情况。”

1968年11月初，麦克连与一支实力强大的北越军团展开了激烈的战火交锋。“一次，我们调来一架军用直升机运送伤兵。直升机降落时，北越军队不停地发射导弹，我军指挥所里所有人员都阵亡了。”时任麦克连排长的约翰·梅森回忆道，“顷刻之间，我们就失去了12名战友，形势十分不利。三四天后，我们从那里撤离，我们的部队里总计有45名伤员，但我们还是到达了目的地。说出来你可能觉得难以置信，返回第55号山头的次日，我们就开始马不停蹄地忙于战术和侦察工作了，甚至还进行了体能训练。我当时还是个初出茅庐的少校，从未想过我们会在小树林里做体能训练，但我们做了。我也从没想到自己会在小树林里练习枪刺或战术，但我们也做了。不仅如此，这还成了我们每天例行的训练。每场战斗结束后，我们会稍做休整，然后马上又投身到训练中。这就是‘老里’管理团队的方式。”

范里佩尔纪律严明、秉公办事。他作战经验丰富，深谙在交战过程中部署部队之道。麦克连里的另一个士兵追忆道：“他是冲锋陷阵的勇士，是亲自带兵出击的开路先锋，他不会干坐在办公桌后发号施令。他很好战，但我们却都很乐意服从他的命令。记得有一次，我随部队进行深夜伏击，我接到‘队长’（海军陆战队队员对团长的称呼）的电报，他告诉我共有 121 个越南人正朝我们的位置靠近，而我的任务是要对其进行反击。我说，‘队长啊，我们只有 9 个人！’他说如果我需要的话，他会调遣部队进行增援。他就是这样的一个人。我军只有 9 个人，而对方却足有 121 个人，但他却坚定不移地认为，我们应该与对方展开交战。‘队长’的战斗策略总能让对方猝不及防，他可不好‘宽以待人’这一口。”

范里佩尔在军队中度过了漫长的岁月，也收获了累累战功。2000 年春天，美国国防部一行高级官员找到了业已退休的范里佩尔。当时，美国国防部正在着手策划一项联合作战军事演习，此次演习名为“千年挑战 2002”（以下简称“千年挑战”），其规模之大和花费之高都是史无前例的。此次演习预计在两年半后，也就是 2002 年的七八月举行，总花费将达到 2.5 亿美元，这比一些国家整年的国防预算还要多。“千年挑战”演习中设计的情景是，一名叛变军官脱离了其位于波斯湾附近的所属政权，并扬言要将整个区域置于战火之中。他拥有可观的军事力量，手下的士兵出于宗教和民族因素而对他忠贞不贰。除此之外，他还为 4 个不同的恐怖组织提供庇护以及资金援助，且与美国政府有不共戴天之仇。经过巧妙的（每个人的观点不同，你可能认为是失败的）角色分配，保罗·范里佩尔按照指示，在“千年挑战”中扮演叛变军官一角。

1. 波斯湾之晨

为美军部队举行军事演习的机构是美军联合部队司令部。其办公地点是弗吉尼亚州萨福克的两幢毫不起眼的低矮混凝土建筑，它位于一条蜿蜒公路的尽头。从华盛顿出发，向东南方向开车到达这里，需要几个小时的时间。办公楼停车场的门口是一个小岗哨，但由于四周围有钢丝网栅栏，从街上是看不到岗哨的；街对面开着一家沃尔玛超市。从里面看来，办公楼非常普通，楼中设有会议室、几排小隔间，以及一条灯火通明、没有铺地毯的长长的走廊。然而，美军联合部队司令部的职责却绝不能用“普通”二字来形容，它是美国国防部设立的基地，用以测试有关军事组织的新提案，并实验新军事策略的可行性。

这次军事演习的计划始于2000年初夏。为此，美军联合部队司令部邀请了几百名军事分析和软件制作方面的专家。在军事演习用语中，美军及其同盟军被称为“蓝军”，而敌军则被称为“红军”。美军联合部队司令部为每支部队都设计了全面而翔实的资料，其中涵盖了各军所需要了解的有关本队和敌军力量的信息。[1] 演习开始前的数周内，红蓝两军进行了一系列训练，为最终的较量做好了准备。叛变军官变得越发暴戾，而美军一方也越发警觉。

时年7月末，两支部队分别来到了萨福克。美军联合部队司令部主楼一层设有一个没有窗户的大房间，演习就在这间实验室进行。来自全美多个军事基地的陆战队及海陆空三军将士严阵以待，充当演习中红蓝两军的士兵。蓝军发射的导弹和派出的战斗机，要么是真枪实弹的导弹和飞机，要么就是由42台独立电脑合成的特效。这些电脑可以精准地模拟每个指令，其逼真程度让作战室中的人们难辨真伪。演习持续了两周半的时间。美军联合部队司令部的一组专家记录了所有的对话以备日后分析，另有一台计算机全程统计了所有发射的子弹、导弹，以及调度的坦克。这场演习可不仅仅是一场实验，演习后不到一年，美军便对中东某区域进行了武装入侵，此区域驻扎着一位叛变的军官，他在当地拥有强大的民族主义力量，并疑似窝藏恐怖分子。一切真相大白：这场演习其实是战争前的一次正式预演。

“千年挑战”表面上是美国国防部对一项激进的新作战方案的测试。在1991年的海湾战争沙漠风暴行动中，美军击溃了萨达姆·侯赛因位于科威特的武装力量。然而，这次战争是一场循规蹈矩的较量，是两支全副武装、纪律森严的武装部队在露天战场上的作战演习。沙漠风暴行动落下帷幕之后，美国国防部认为，这种作战方式马上会被时代淘汰。因为没有人会蠢到敢与美军进行硬碰硬的纯军事对抗。他们认为，日后的战争方式会变得让人难以捉摸；战争发生的地点既可能是战场，也不排除市区；敌我双方较量的既可能是武器，也可能是战术；战争所涉及的因素也会从军事领域扩展到经济文化方面。正如联合司令部的一位分析专家所言：“下一场战争不会只是军事与军事的较量了，战争的胜负不再取决于你摧毁了几辆坦克、击沉了几艘战船，或击落了几架飞机，而是要看你在敌军系统中所扮演的是何种角色。我们追求的是军事制造业的能力，而非作战的能力。军事系统与经济文化系统以及国与国的关系息息相关。我们必须理解联系这些系统的链条。”

就这样，在“千年挑战”军事演习中，蓝军拥有了史上任何军队都无法匹敌的战略资源。美军联合部队司令部研发了一套名为“作战净评估”的战略系统，这是一套正规的军事决策工具，能将敌军情况划分为“军事”“经济”“社会”“政治”等板块，并依次制造一张网格列表，以表示这些板块之间的相互关系，这种列表能显示出哪些板块的联系最为薄弱。蓝军的长官们还学习了一套被称为“基于效果作战”的军事理论，此理论引导他们在定位和摧毁敌军军事力量时避免中规中矩的思考方式。除此之外，蓝军长官们还人手一份被称为“常见相关操作图片”（Common Relevant Operational Picture，简称 CROP）的实时地图，这种地图不仅能让人一目了然，还可被用于战斗形势的实境模拟。这些长官熟谙“联合作战计划”这一概念，他们不仅可以共享来自美国政府数量空前的情报信息，还可以从一套严谨、严明的作战体系中汲取灵感。可以说，美国国防部军火库中的每样宝贝都掌握在他们手中。

军事演习结束后，美军联合部队司令部长官威廉 · F. 克南（William F. Kernan）将军在国防部新闻发布会上告诉记者：“我们仔细审视了我军能够渗透至敌军内部的各种因素，包括政治、军事、经济、文化、体制等，并对每种因素进行了彻底的分析。我们的政府部门有能力阻断一个国家的作战能力，我们可以扰乱其通信能力，可以将权力转移到人民手中，还可以影响其国家意志……以及摧毁其供电网络。”两个世纪以前，拿破仑曾经写道：“一位将军绝不会精确通晓一件事，绝不会洞若观火地观察敌人，也绝不会透彻地明晰自己所处的位置。”战争往往是被迷雾笼罩着的，而“千年挑战”演习的目的，就在于向大家表明，在高端卫星、感应器以及超级电脑的协助之下，这股迷雾可以被拨开。

正因如此，指派保罗·范里佩尔担任反方红军长官不愧是个“高明”的决策，因为他的个性与这一套理论截然相反。范里佩尔并不相信人们可以使笼罩战争的迷雾散去。他在弗吉尼亚州有一幢房子，房子二层设有一间书房，里面整齐地摆满了一排排有关复杂理论研究和军事决策的书籍。由于亲身经历了越南战争，并阅读了德国军事理论学家卡尔·冯·克劳塞维茨（Carl von Clausewitz）的著作，范里佩尔坚信，战争从本质上来说是不可预见、无章可循的。20世纪80年代，范里佩尔时常参与各种军事演习，根据军队教条的规定，他必须参加制定各种决策的训练。在制定决策时，决策者应具有很强的分析性和条理性，并且过程十分费时，他对此很是厌恶。但这种决策方式又偏偏是“千年挑战”演习所要考察的。他告诉我：“记得有一次，我们正在进行军事训练，师长发话了，‘暂停。我们来看看敌人现在处于什么位置’。我们花了整整八九个钟头，等到发现敌人时，他们已经转移至我军后方了，我们原本的计划也就泡汤了。”范里佩尔并不是对所有的逻辑分析都心存反感，他只是认为，这种分析方法不应该在战争进行中出现，因为战争的过程瞬息万变并且应该分秒必争，不允许人们慢条斯理地逐一筛选不同方案。

20世纪90年代初，范里佩尔曾任弗吉尼亚州匡提科海军陆战大学的校长，当时，他与一个名叫加里·克莱因（Gary Klein）的人交往甚密。克莱因在俄亥俄州开了一家咨询公司，并著有一本名叫《如何作出正确决策》(*Sources of Power*）的书，堪称决策类书籍中的经典。[2]克莱因的研究对象涵盖了护士、重症监护人员、消防员以及其他一些需要在压力下做出决断的人。他总结道，专家们在做出决定时，并不会对一切可行的方案进行系统而有逻辑性的比较——这是老师教给我们的决策方式，但在实际生活中，这种方式太过耗时了。克莱因所研究的护士和消防员们自有办法，他们会在大脑中对形势做出大致的模拟，然后凭借自身的经验，在最短的时间内做出判断，并立马付诸行动。在范里佩尔看来，这才更加接近人们在战场上做决策的方式。

一次，范里佩尔、克莱因以及十几名海军陆战队的上将一起飞赴纽约商业期货交易所，想到交易大厅里一窥究竟。范里佩尔自忖道：除了在战场上的军事指挥站里，我还从没见过如此将星云集的场景呢，说不定我们能从这里学到点什么东西。一天的交易活动完毕后，上将们步入大厅，玩了几局模拟交易游戏。之后，他们携几名华尔街的交易员横跨纽约港，来到了位于总督岛上的军事基地，让他们用电脑试玩了模拟战争游戏，这些交易员的表现可圈可点。在模拟战争游戏中，参与者需要在高压状态下凭借有限的信息，接二连三地做出果断的决定。而这正是交易员们在每天的工作中所要面对的任务。范里佩尔又将这些交易员带往匡提科，让他们坐上坦克，参加了一次真枪实弹的演习。范里佩尔越发感到，这群“体重超标、不修边幅且蓄着长发”的人所从事的工作，与海军陆战队长官们的工作本质相同，而唯一的不同点在于，前者用金钱来赌，后者拿生命来博。加里·克莱因说："我还记得交易员与上将们初次见面时的情景。那是在一次鸡尾酒会上，我被眼前的情景惊呆了。一边是两三星的海军上将——你也知道海军上将都是些什么样的人，而且他们中还有几个人从没来过纽约；另一边则是这些交易员，都是些二三十岁、年轻气盛的纽约本地人。但当我环顾整个房间时，却发现这两帮人三三两两地聚在了一起，每一群人中既有上将又有交易员。他们可不是在客套，而是在兴致勃勃地攀谈，交流经验，相聚甚欢。我自言自语道，'这些人简直是碰到知音了，他们的相处中充满着对彼此的尊敬。'"

换句话说，"千年挑战"演习并不仅仅是两军之间的战争，而是两种截然不同的战争哲学之间的较量。在数据库、信息网络以及作战原则的帮助之下，蓝军得以系统地了解敌军的作战意图及实力；而红军的长官，却将衣冠不整、瞎碰运气、咋咋呼呼、在一个小时内要做出上千个瞬间决断的交易员奉为至交。

军事演习正式开始的当天，蓝军派遣了数以万计的士兵涌入波斯湾地区，并于红军基地近海停驻了一艘航空母舰。在向红军炫耀完兵力后，蓝军向范里佩尔发射了 8 枚炮弹，并发出了要求红军投降的最后通牒。蓝军以为自己已经胜券在握，因为他们的作战净评估系统早已使红军的薄弱环节暴露无遗，并推测出了红军下一步可能采取的行动，以及行动的可选择范围。但范里佩尔才不会乖乖地按照电脑的推测行事呢。

蓝军摧毁了范里佩尔的微波塔，切断了他的光纤通信线路。蓝军推测，红军此时的联络手段只剩下卫星和手机了，这样一来，他们就能监听到红军的通信内容了。

“蓝军说我们会被扰得措手不及。”范里佩尔回忆道，“措手不及？任何一个有点学识的人都知道，卫星和手机通信是靠不住的，这只是蓝军一厢情愿的臆断罢了。在美军于阿富汗奇袭乌萨马·本·拉登失利后，谁还会使用这些手段进行通信啊？我们通过驾驶摩托车的通信员传递信息，还把信号掺杂在祷告语中进行传递。蓝军问我们：‘在飞行员无法与控制塔联系的情况下，你们是怎么让飞机从机场起飞的啊？’我回答：‘你们还记得第二次世界大战吗？我们用的是灯光传信。’”

蓝军本以为可以一眼识穿的红军，顿时显得有些不可捉摸了。红军是如何办到的呢？势力强大的敌人兵临城下，范里佩尔本应感到自惭形秽、无力招架，但担任过狙击手的他才不会举手投降呢。战争开始的第二天，他向海湾调遣了一队小型战艇，以跟踪蓝军入侵海军船只的行踪。接着，他出其不意地向蓝军连发巡航导弹，对其进行了持续一个小时的连番攻击。红军的突袭完毕后，蓝军 16 艘美军战舰沉没湾底。如果“千年挑战”演习是一场真实的战争，那么两万名美军将士就会在自己的军队一弹未发之前葬身海底了。

范里佩尔告诉我：“有一次我正坐着，突然想到蓝军曾经说要采取先发制人的策略，所以我就抢先来了个攻其不备。我们当时已经计算出蓝军的舰队所能抵挡的巡航导弹的数量了，于是我们在此数量上加码，从陆空、近海和海底对他们进行了多角度攻击。我们估计击沉了他们一半的战舰，这些战舰都是我们选好的目标，包括航空母舰以及他们最大的巡洋舰等。蓝军共有 6 艘两栖战舰，我们击中了 5 艘呢。”

接下来的几个月，美军联合部队司令部分析学家有关这场 7 月战争始末的解释纷至沓来。有人说，这场战争的结果是军事演习的特殊运作方式造成的；有人说，在实际战争中，战舰是不会像在演习中那么不堪一击的。但这些解释都不能改变一个事实：蓝军一败涂地。红军的叛变长官采取了恶霸叛徒应该采取的行动：他负隅顽抗，还出其不意地攻打蓝军。从某种程度上来说，这与盖蒂博物馆在评估那尊少年立像时的失误是如出一辙的：盖蒂博物馆对那尊少年立像进行了理性、细致、彻底的分析，把一切可能发生的意外都考虑到了，但即便如此，分析师们还是漏掉了一个凭借直觉就可以洞悉的事实。而在波斯湾一战中，红军将其快速认知的能力发挥得淋漓尽致，而蓝军却没有做到这一点。这是为什么呢？

2. 即兴表演的框架

一个周六的晚上，一个名为“母亲”的即兴喜剧表演团体登台献艺，他们的舞台就搭在曼哈顿西区一家超市地下室的小型剧场里。那是感恩节刚过不久的一个夜晚，空中飘着雪花，但剧场里却座无虚席。“母亲”组合中有 5 男 3 女共 8 名演员，他们都是二三十岁的年轻人。舞台上空空如也，只简单地摆了 6 把白色折叠椅。这个组合当晚要表演的，是在即兴表演界被称为“哈罗德”形式的喜剧。他们登上舞台，事先并没有准备自己要演出的角色或剧本，而是从观众的提议中任意挑选一个，然后，在完全不经过事先讨论的情况下，从零起步，即兴表演一出 30 分钟的喜剧。

组合中的一名演员让台下的观众给出一个建议。一个观众喊道：

“机器人！”在即兴表演中，演员们很少会只截取观众提议的字面意思，因此在演出结束后，“母亲”组合的发起者兼成员杰茜卡告诉我，当她听到“机器人”一词时，脑中浮现的是冷漠的态度，以及科技对人与人之间关系的影响。所以，她立即登上舞台，假装正在读一份有线电视公司寄来的账单。当时台上还有一名男演员，他背对着杰茜卡坐在一把椅子上，两人聊了起来。这位男演员当时知道自己所扮演的角色是什么吗？不仅他自己一无所知，杰茜卡和台下的观众对此也是一头雾水。但随着剧情的铺开，我们发现杰茜卡所饰演的是一个妻子，而男演员则是她的丈夫。妻子在电视收费单上发现丈夫收看了色情片，为此恼羞成怒。丈夫却回答说，看色情片的是他们十几岁的儿子。经过一番激烈的争执，另外两名演员冲上台来，其中一名饰演为剧中家庭排忧解难的精神科医生。在接下来的场景中，又有一名男演员一屁股坐在椅子上，闷闷不乐地说：“我是清白的，为什么要背黑锅？”原来，他饰演的是两人的儿子。剧情继续推进，整个过程中，没有一名演员出现吞吞吐吐或不知所措的情况。剧情发展顺畅，仿佛演员们已经排练过多日似的。有时台词或表演难免有些生硬，但总的来说，这场戏惊爆了全场，逗得观众们捧腹大笑，每一处情节都非常引人入胜。就这样，8 名演员不经事先商讨，在我们眼前凭空制造出了一出短剧。

即兴表演很好地彰显了本书所讨论的思考方式。在这种表演形式中，演员们需要在没有任何剧本和情节做指导的情况下，随兴地做出复杂的判断。正因如此，即兴喜剧不仅扣人心弦，而且坦率地说，也有些令人发怵。如果我请你在一出由我编写的剧目中饰演一个角色，给你一个月的彩排时间，并让你一个月后在观众面前进行现场表演，我估计大多数的读者都会拒绝我。要是怯场了怎么办？忘词了怎么办？观众不买账怎么办？但传统意义上的剧目至少是有框架可循的，每句台词、每个动作都是事先设计好的，每个演员都有排练的机会，况且还有导演来挑大梁，指导人们各司其职。现在，假设我再一次邀请你在观众面前进行现场表演，但这次，我既不提供剧本，也不告诉你该演什么角色、该说什么台词，还额外要求你逗乐观众。我很肯定，你宁愿在滚烫的煤块上走路，也不愿意接受这份苦差吧？即兴表演的可畏之处在于，这种形式杂乱无章、毫无框架可循。你可能会认为，你得登上舞台，然后当场把整台剧目都编排出来，是这样吗？

然而实际上，即兴表演一点都不杂乱无章。如果你和"母亲"组合的成员们面对面坐下来，和他们促膝长谈一番，那么你很快就会发现，他们并不都是你想象中滑稽古怪、生性冲动、异想天开的喜剧演员。其中几位成员不但严肃，甚至还有一点书呆子气。每周，他们都要聚在一起，进行一次长时间的排练。每场表演结束后，他们都会聚在后台，对彼此的表现做冷静的点评。他们为何要如此卖力地练习呢？因为，即兴表演是一种受一系列规律支配的艺术形式，因此，演员们希望确保在每次登台时，大家都能够遵循这些规律进行表演。"母亲"组合的一个成员说："我们觉得，表演和打篮球是一码事。"多么切中要害的比喻！打篮球是一项高速且复杂的运动，它要求运动员在瞬间做出抉择。而培养瞬间决断能力的唯一途径，是通过大量高系统性的重复训练。运动员们必须不厌其烦地在投篮、运球、跑步传球等技巧上精益求精，并且遵守球场上的明确分工。这也是即兴表演中至关重要的因素，同时还是我们理解“千年挑战”胜负迷思的关键所在：即兴并不是无规律可循的。保罗·范里佩尔的军队之所以能在海湾一战中大获全胜，并不是由于当时的他们比对手蓝军更机智或更走运。在瞬息万变的高压状态下，人们瞬间决断能力的高低，不仅取决于他们接受的培训和排练的多少，还要看他们是否能打破常规，见机行事。

让我们来举个例子，想要进行即兴表演，演员们就必须要遵循一条重要的规则，即彼此达成一致。这一理念的意思是，创造剧情或制造幽默有一种简单的方法，即角色要接受一切发生在自己身上的事情。即兴剧目的创始人之一基斯·约翰斯顿（Keith Johnstone）曾写道：“如果你能放下手中的剧本，想一件你不希望降临在自己或你所爱之人身上的事，那么，这就是一个值得被搬上舞台或荧幕的剧目。我们可不愿意一踏进饭店大门就被迎面而来的蛋挞打个正着，也不希望瞥见奶奶坐着的轮椅朝悬崖直冲而去。但我们却会自掏腰包，去观看带有这些情节的戏剧。在现实生活中，我们中的绝大多数人都在压抑自己这方面很有一手，而即兴表演的老师只要做到反其道而行之，就能教出‘天资过人’的即兴演员来。差劲的即兴演员往往会穿插许多表演技巧，但却妨碍了剧情的发展。而优秀的演员则会自发地衍生剧情，推动戏剧的发展。”[3]

约翰斯顿让自己的两个学生演绎了一段即兴对手戏，内容如下。

甲：我的腿出毛病了。

乙：恐怕我得对你施行截肢手术了。

甲：大夫，我的腿可截不得啊。

乙：为什么？

甲：我舍不得我这条腿啊。

乙：（泄气地）拜托，老兄。

甲：大夫，我胳膊上也长了个什么东西。

很快，这幕戏中的两位演员变得烦躁不安起来，剧情的发展很不顺利。虽然演员甲巧妙地制造了一个笑料（“我舍不得我这条腿啊”），但整场剧目却显得淡而无味。因而，约翰斯顿喊了暂停，并向演员们指出了症结所在。原来，演员甲违反了“一致”法则。他的搭档提出了一个建议，但他却把建议否决了，因为他说了“大夫，我的腿可截不得啊”这句话。

随后，两人重整旗鼓。这次，他们将“接受”法则熟记于心。

甲：啊啊啊啊啊！

乙：怎么了，老兄？

甲：大夫，我的腿疼。

乙：情况看上去不妙啊。我得对你施行截肢手术了。

甲：大夫，我说的是你上次截掉的那条腿。

乙：你是说，你的木头假肢疼？

甲：可不是吗！

乙：你知道这意味着什么吗？

甲：大夫！可别告诉我是蛀虫啊！

乙：没错。趁蛀虫还没有扩散到全身，我得赶紧采取应对措施。

（甲的椅子突然倒了。）

乙：老天啊！都已经扩散到木头上了！

还是那两名演员，演技水平没有改变，角色也没有置换，连开头的剧情都大同小异。然而不同的是，第一次的尝试戛然收尾，而第二次的尝试中却充满着扩展剧情的契机。通过遵守一条简单的规则，甲乙二人变得滑稽搞笑了。约翰斯顿写道："好的即兴表演者就仿佛具有心灵感应能力似的，每个动作都像经过事先编排一样。这是因为他能对一切提议持接受态度，而这可是'正常人'鲜有的行为。"

再举个例子吧，以下一段对话出自即兴表演的另一位创始人——德尔·克洛斯（Del Close）组织的表演讲习班。其中，一名演员饰演警官，另一名演员饰演警官正在抓捕的抢劫犯。

警　官：（喘气）嘿！我 50 岁了，还有轻度肥胖。我们能不能停下来歇会儿啊？

抢劫犯：（喘气）如果我们都停下来，你不会抓我吧？

警　官：我保证这几秒不抓你。倒数 3 秒，3，2，1。

想要表演以上这场戏，你是不是非得聪明非凡或身手敏捷不可呢？并不是这样吧。这段对话非常浅显易懂，只要演员能坚守法则，对所有提议都持接受的态度，那么笑料自然而然就能显现了。如果你能创造出适当的框架，那么顷刻之间，流畅自如的即兴对话就变得容易多了，这正是一部优秀的即兴戏剧的关键所在。保罗·范里佩尔在“千年挑战”演习中领悟到的，也正是这个道理。他可不会把他的队伍送上舞台，然后求神拜佛地祈祷有趣的对白会奇迹般地冒出来。他会自己动手创造出条件，然后即兴发挥，大获全胜。

3. 危险的自我分析

第一次赴东南亚时，保罗·范里佩尔担任的是南越的顾问。在灌木丛中执行任务时，他常常能听见远处传来的枪炮声。当时的他是一名年轻的中尉，还是战争方面的新手。每每听到枪声，他的第一反应总是发电报，询问战场上的部队究竟出了什么状况。然而，几周之后他却发现，自己通过电报联系到的人对于枪声的了解并不比他多。枪声就只是枪声而已，它仅仅意味着某种冲突的开端罢了。但究竟是什么样的冲突呢？战场上的部队也不明确。因此，范里佩尔停止了询问。第二次奔赴越南时，每当枪声响起，范里佩尔都会静观其变，他说：“我会一直看着手表，因为我在5分钟之内不会采取任何行动。如果部队需要增援，他们就会通知我。若5分钟后枪声停止了，我也就不用采取什么行动了。你得让部队自己分析战斗形势，让他们自己搞清楚出了什么状况。发电报询问情况的危险在于，前线部队会随便应付你几句，好让你别再打扰他们，而如果你按照字面意思断章取义的话，就很可能会给我方造成损失。你的插手还会使部队分心，会使他们的注意力都集中在不该集中的地方。也就是说，你会阻碍他们解决问题的进程。”

早在执掌红军指挥权之初，范里佩尔就将这一经验烂熟于心。他借用了管理学大师凯文·凯利（Kevin Kelly）的一句箴言——我向我的团队所讲的第一件事就是：我们要掌握主动权，我们也要失控！“这句话的意思是，虽然总体的战略方向和目标是由我和高级将领们设计的，但是在战场上，战士们实际要遵循的可不是上级下发的难懂的指令。他们需要在行动中运用自己的直觉来判断，并采取出乎敌人意料的行动。几乎每天，我们红军的空军长官都能本着令敌人猝不及防的战略原则，萌发各式各样的新点子，从各个角度对敌人进行攻击。但他从未从我这里得到过任何具体的行动指示，我只是把战略目标告诉了他而已。”

范里佩尔不喜欢在交战过程中进行自我分析，不喜欢各种形式的解释说明，也不爱举行冗长的会议。他说：“我告诉我的部队，我们要坚决避免像蓝军那样满口专业术语。除非是在日常谈话中，否则你甭在我面前提‘效应’这种词。我也不想听到别人拿‘作战净评估’跟我说事儿，我不希望我的部队流于这种机械的做事方式，而是希望大家能够运用才智和经验，并且相信自己的判断力。”

显然，这种管理体制有其自身的风险性，这意味着，范里佩尔不可能每时每刻都对部队的行动了如指掌，并且他要在下属身上倾注大量的信任。他本人也承认这是一种“混乱”的决策方式。但与此同时，这套体制拥有一个强有力的优势：就像即兴表演中的“接受”法则一样，此体制给予了红军士兵采取行动而无须过多解释的自由，鼓励了他们对快速认知力量的运用。

我来举一个非常浅显的例子。请在脑中回忆一下最近一次在饭馆就餐时招待你的女服务员的面容，或今天在公车上坐在你旁边的乘客的面容，或者任何一个你最近见过的陌生人都可以。现在，我让你作为目击证人，从一群人中指认出那位女服务员，你能做到吗？我觉得你应该能行。辨认某人的面容是潜意识认知力的一个典型例证。我们无须思考，女服务员的面容就会自动浮现在脑海中。但如果我让你拿好纸和笔，尽可能详细地描写出女服务员的外貌特征，叙述其五官、发色和衣着，以及是否佩戴珠宝等信息。信不信由你，如果现在再让你从一群人中找出此人，你的指认就没有那么准确了。这是因为，虽然你本来具有轻而易举就能辨认某人的能力，但是通过描述此人的外貌，你的这种能力被削弱了。

在此方面率先展开研究的，是一位名叫乔纳森·W. 斯库勒（Jonathan W. Schooler）的心理学家，他将这种效应称为“语言屏蔽”。[4] 在人类的大脑中，有一部分（左脑）是用语言进行思考的，而另一部分（右脑）则通过画面进行思考。当你用语言描述一个人的面部特征时，你的视觉记忆会被语言取代，思考活动也会由右脑转移至左脑。这时，当你再一次从一群人中指认女服务员时，你所凭借的记忆是你对她面容的语言描述，而非视觉画面。然而，症结就出在这里，因为在辨认某人的面部特征时，我们的视觉辨识力要比语言叙述能力可靠得多。如果我向你展示玛丽莲·梦露或阿尔伯特·爱因斯坦的照片，你不出一秒就能认出他们。我猜你现在已经能在脑海中清晰地“看到”这两个人了吧？但是，如果我让你用语言来描述他们的外貌，你能描述得很准确吗？如果让你用一段文字描写玛丽莲·梦露的面容，并且不向我透露你所描述的是谁，我能不能猜得出来呢？我们记住面部特征的能力是与生俱来的，但如果我强迫你用语言文字表达出这些记忆，非要你给出解释，那么我就是活生生地抹杀了你的这些本能。

辨认面部特征所涉及的范围看似很有限，但是斯库勒告诉我们，从“语言屏蔽”中学到的东西可以被运用在更广泛的领域中，以帮助我们解决更多难题。请思考一下下面这道脑筋急转弯：

> 父子二人遭遇了严重的车祸。父亲身亡，儿子被送到急救室中。医生一见到男孩儿，便大惊失色：“这是我的儿子！”
>
> 问：医生是谁？

这是一道考察洞察力的谜题，并不像数学题或逻辑题那样，用纸笔就能一步步地演算出来。解决此问题的唯一方法，就是运用你的直觉进行瞬间决断。你必须要跳脱“‘医生’总与‘男性’挂钩”的思维定式。医生当然不会总是男性，此题的答案是：医生是小男孩的母亲！我再出一道考察洞察力的脑筋急转弯：

> 将一个巨型钢制锥体倒置，使其顶点平稳地支撑于地面。任何接触锥体的动作都会使其翻倒。锥体下方现有一张 100 美元的钞票。
>
> 问：如何拿走钞票而不必弄倒锥体？

先思考一会儿，然后用笔记下你刚才解题的全过程——如解题策略、从何入手、想到的所有答案等，越详细越好。斯库勒做过一次类似的实验，他给每位实验对象发了一张纸，让他们解答纸上所有的谜题。结果发现，那些按照要求给出答题解释的人，要比不必解释的人少答对了 30% 的题目。简而言之，如果你在答题时将思考过程记录在了纸上，那么顿悟闪现的概率便大大降低了，而顿悟却恰恰是解题的关键所在。同理，在描述完女服务员的面容后，你便无法从一群人中认出她来了。（顺便说一下，锥体谜题的答案是：用某种方式将钞票毁掉，比如撕烂或烧掉。）

在逻辑问题中，要求答题人给出解释不仅不会降低其答题能力，有时反而会帮助其解题。但是，需要通过闪念和顿悟才能答出的题目可就另当别论了。斯库勒说："这种由于分析而导致思维能力降低的例子，在体育界也屡见不鲜。如果你在比赛过程中深思熟虑，那你的能力就会有所削弱，动作流畅度也会下降。运动中存在着一种自然连贯、无法言喻的东西，很容易受到破坏。"身为人类，我们运用闪念和直觉的能力可谓炉火纯青，我们不仅能通过记忆牢记某人的面容，还能灵光一闪就解出一道谜题。但是，斯库勒这番话的意思是，这些能力都是极其脆弱的。顿悟并不是一只安住于我们大脑中的灯泡，而是一根一吹即灭的风中残烛。

决策专家加里·克莱因做过一项实验，他采访了社会各界的工作人员，让他们谈论自己在瞬间做出艰难抉择时的经历。其中一名受访者是俄亥俄州克利夫兰市的消防队总指挥，他在采访中说，几年前，他还是消防队副队长的时候，接到过一项看似寻常的救火任务。一幢位于住宅区的单层民宅后部的厨房起火，这位副队长带领消防队员从前面破门而入，取出水龙带喷水灭火。按理说，这时的火势应该得到控制，但火焰却依然在熊熊燃烧。于是，消防队员们再次往火上浇水，火势仍然没有得到控制。消防队员们从拱门撤回到起居室里，就在那时，副队长倏地意识到：事情不大对劲。他转向消防队员们喊道："快出去！马上！"他们刚刚撤离，屋里的地板便顷刻间塌陷了。原来，火源在房子的地下室。

克莱因一边回忆一边说："那位消防队总指挥并不知道自己当时为什么会命令大家撤出去，他认为可能是第六感的关系。他可没有开玩笑，他真的相信自己拥有第六感，并且认为是第六感保佑他在工作中免遭伤害的。"

克莱因是决策方面的专家，他拥有博士学位，是个博闻强识、缜密严谨的人，因此，这位消防队总指挥的答案并不能让他信服。于是，在接下来的两个小时里，克莱因不厌其烦地让这位受访者回忆火灾当天的经历，希望把他意识到和没意识到的细节一字不落地记录下来。克莱因回忆说："他说第一个不对劲的地方，是火焰不太正常。"厨房里的火势理应因喷水而变小，但那次的火势却没有得到控制。他接着说："接着，一行人退到了起居室，那位总指挥官告诉我，他习惯将耳罩拉开，好感知火焰的热度，而刚刚厨房里火焰的滚滚热浪让他颇感吃惊。由厨房引起的火是不应该那么热的。我问他，'还有没有别的不对劲的地方？'一般来说，行家里手是能够察觉到应该发生却没有发生的事情的。他告诉我，还有一件让他感到不可思议的事情是，厨房里的火焰并没有嗞嗞作响，反而很安静，但鉴于屋子里的滔天热浪，这是很反常的。"[5]

事后看来，所有的疑点都"真相大白"了。消防队队员喷的水对减缓厨房火势没有作用，是因为火源并不在厨房；火焰之所以安静，是因为声音被地板阻隔了；起居室里的炎炎热浪，是位于起居室地板下方的火焰生成的热气向上蒸腾造成的。然而在当时，我们的主人公并没有从显意识上将这些点联系起来，他的所有思考过程都是在潜意识的密室中进行的。这是凸显薄片分析法作用的一个绝佳例证，指挥官体内的“计算机”急速地运转着，不费吹灰之力就从一片混乱中摸出了解决问题的门道。然而，最让人心悬一线的是，那天的灭火任务距离一场劫难仅仅一步之遥。如果指挥官停下来与队员们分析当时的情况，如果他对队员们说，“我们来好好商讨一下，看看问题出在哪里”——换句话说，如果他采取了人们认为领导在面对难题时应该采取的那一套行动，那么，他可能会干扰了自己获得顿悟的能力，他和队员们的生命也就难以保全了。

然而，这恰恰是蓝军在“千年挑战”演习中所犯的错误。根据他们使用的作战系统，长官必须要不时地停下来商讨战况，搞清楚事态的发展。如果摆在蓝军面前的问题必须经过逻辑推理才能解决，那么这个方法还行得通，但范里佩尔带给蓝军的问题不是单靠逻辑就能应对的。蓝军本想窃听范里佩尔的通信内容，可谁料他却使用骑摩托车的情报员来传递情报。蓝军本以为范里佩尔无法派出飞机，可他却借用了“二战”期间一项被人遗忘了的技术——指示灯系统通信。蓝军认为范里佩尔无法跟踪他们的船只，却没想到他在海湾中布下了大量小型鱼雷快艇。接着，红军的战地指挥官果断出击，顷刻之间，蓝军本以为平凡无奇的“厨房大火”，变得完全无法用逻辑来解释了。摆在蓝军面前的是一个考察洞察力的难题，但他们的洞察力已被扼杀殆尽了。

范里佩尔说："我听到蓝军总在进行冗长的讨论，他们想弄清政局如何，还专门制定了表格，上面是密密麻麻的上下箭头。我记得自己当时心想，等一下，你们一边打着仗，一边还要忙活这些？他们的用语中包含了很多首字母缩略词。比如，综合国力分为"外交""信息""军事""经济"四大要素，他们就把国力简称为 DIME①。他们老是 DIME 来，DIME 去的。除此之外，他们还把"政治""军事""经济""社会""基础设施""信息工具"简称为 PMESI②。于是，他们在讨论时老是拿我们的 DIME 和他们的 PMESI 做比较，真是造作至极，我听了就想吐。这些人到底在谈论些什么呀？你知道吗，如果你太执着于图标网格和电脑程式，那么你是会无法自拔的。蓝军太过于注重手段和方法了，他们从来没能从宏观层面全面地看待问题。在拆分一个问题的过程中，你往往会迷失其意义所在。"

事后，参与演习的美国联合部队司令部的一位高级长官迪安·卡什（Dean Cash）少将承认："'作战净评估'本应当是一种让我们能够观察一切、通晓一切的工具。哎，毋庸置疑，这种工具失效了。"

① Diplomatic、Informational、Military、Economic 的首字母缩写。——译者注

② Political、Military、Economic、Social、Infrastructure、Information Instruments 的首字母简称。——译者注

4. 急诊室的危机

在芝加哥的西哈里森街距离市区两英里的地方，矗立着一座富丽堂皇的立方体建筑。这幢建筑设计并修建于 20 世纪前半叶，在大半个世纪中，这幢建筑都为库克郡医院所用。在这里，人们建立了世界上第一所血库，率先开发使用了钴线疗法。也是在这里，外科医生们为病人重新接上了 4 根被截断的手指。这家医院的创伤科可谓闻名遐迩，周边滋事斗殴的帮派成员常来这里治疗枪伤等创口，电视连续剧《急诊室的故事》（*ER*）的创作灵感也源于此。20 世纪 90 年代末，库克郡医院策划了一次改革，此次改革很可能会在将来的某天为医院带来前所未有的广泛赞誉：在此次改革的指导下，医院修改了内科医生对来急诊室就诊的胸痛患者的诊断方式。通过了解这一举措的原因和内容，我们会对保罗 · 范里佩尔在“千年挑战”演习中的意外获胜有一个全新的认识。

1995 年，一个名叫布伦丹 · 赖利（Brendan Reilly）的男人来到了库克郡医院担任内科主任一职。此人精明能干，工作能力很强。一年之后，医院的改革拉开了序幕。[6] 赖利上任时，医院正面临着重重困境。作为芝加哥最主要的公立医院，库克郡医院成为数十万名没有医疗保险的市民的庇护所。医疗资源极度紧缺：黑洞洞的病房已年久失修；由于没有私人病房，医院只得用劣质胶合板将患者隔开；全院既没有食堂也没有私人电话，患者只能使用走廊尽头的一台付费电话来与外界联络。甚至有传言说，由于人手不够，医生们培训过一个流浪汉，让他代做例行的化验。

医院的一名内科医生说："以前，整间病房里只有一个电灯开关，因此在夜间检查病人时，如果你打开开关，整个病房的灯都会亮。直到20世纪70年代中期，医院才添置了独立的床头灯。由于没有空调，医院就靠几台大电扇制冷，你应该不难想象那些电扇发出的轰鸣声有多让人闹心。附近的警官会将生病的犯人带到我们医院就诊，因此医院里常有大量警察出入。我们还常常看到犯人被铐在病床上的情景，这些犯人常常会自带电视机和收音机，弄得病房里嘈杂不堪。许多病人席地坐在走廊里，就像在夏夜里坐在游廊上纳凉似的。虽然走廊里人满为患，但医院只有一间厕所，因此，你会看到举着点滴瓶的病人们你来我往、进进出出。另外，医院的护士也很紧缺，因此，病人们只得一次又一次地按铃呼叫护士，铃声没完没了地响着。你真该试试在这种环境下检查病人的心脏或肺部状况的感觉。那时的医院真是一片狼藉啊。"

赖利的医者生涯起始于达特茅斯学院的医疗中心。这是一家环境优雅、声誉良好、设备先进的医院，坐落于新罕布什尔州和风吹拂、起伏连绵的山间。而西哈里森街可就属于云泥异路的另一个世界了。赖利回忆道："1995年，我被调到这里任职。那年夏天，芝加哥持续高温，造成了数百人死亡。当然了，我们的医院当时还没有安装空调，室内的酷热指数直指120华氏度（约为49摄氏度），而我们的患者不得不拖着病体，在那种环境下勉强度日。我一到任，就立马拽住一名管理人员，带她穿过走廊，让她站在一间病房的正中间。她只坚持了大约8秒。"

摆在赖利面前的是接踵而至的无数难题。但其中，急诊室的问题似乎最为迫切。由于库克郡医院的病人几乎都没有医疗保险，因此他们绝大多数都是通过急诊室入院的。其中一些精明的病人会带好午餐和晚餐，一大早就跑到医院。医院走廊上的队伍如长龙一般，医院里人满为患。库克郡医院当时每年经由急诊室入院的人数达到25万，数目之大，令人咋舌。

赖利说道："在急诊室里，推送病人的轮床一架挨着一架，我常常要费九牛二虎之力才能从中穿行。为了照顾病人，我们绞尽了脑汁。病人生了病，就得来医院就诊，关键问题就出在这一环节上。医院的资源是有限的，那么我该如何弄清不同的病人各有什么需要呢？怎样将资源用在最需要的病人身上呢？"在美国，芝加哥是哮喘病的高发区，来到库克郡医院的病人有很多都饱受哮喘病的折磨。因此，赖利与同事一起为有效治疗哮喘病人拟订了特殊的治疗方案，除此之外，他们还为流浪人员制定了一系列医疗项目。

然而，自医院成立开始，心脏病的诊疗一直都是个首要的难题。急诊室平均每天都会收到大约30名患者送来的病历，其中有很大一部分患者都担心自己患有心脏病。这些胸痛患者比一般病人更需要床位，他们需要医生和护士的特殊看护，住院时间也较长。这些人对医疗资源的消耗很大。医院为他们制定的诊疗程序既冗长又烦琐，最糟糕的是，这些程序制定得十分模糊，毫无确定性可言。

一个病人捂着胸口来到医院，护士为他测了血压，一名医生将听诊器的一头放在他的胸口，听听是否有明显的"沙沙"声。如果有"沙沙"声，那就说明病人的肺部有积水，从而可以推断出他的心脏有泵血方面的问题。医生向病人提了几个问题：胸痛有多长时间了？

哪里会感觉到痛？运动时疼痛是否会加重？以前得过心脏病吗？胆固醇值是多少？服用过什么药剂吗？有糖尿病吗（糖尿病和心脏病有很密切的联系）？接着，一名技术人员推着一辆手推车走进来，车上摆着一台台式打印机大小的仪器。她将带有挂钩的小片贴纸准确地贴在病人的胳膊和胸部，并将电极别在每一片贴纸上。这些电极能够“读出”病人的心电活动，然后将相应的图像印在一张粉红色的图纸上，这就是我们所说的心电图。从理论上来讲，如果患者的心脏是健康的，那么心电图上的图像看上去应该既清晰又连贯，像山脉的轮廓一样。如果病人的心脏有毛病，那么图像就是扭曲的，本该上指的线条可能会下滑，本应弯曲的线条或许会变平、拉长，或呈尖状突起。如果病人的心脏病发作，那么按理来说，其心电图上会明显地呈现出两组特殊的图案。但是，这里的关键词在于“按理来说”。心电图不是万无一失的，有时，一个从心电图上看起来心脏完全正常的病人，可能早已病入膏肓；而一个心电图结果不容乐观的病人，则可能非常健康。能够确切诊断出病人是否属于心脏病突发的方法虽然存在，但这些方法需要对某种酶进行检测，得出结果要花费数个小时。而医生所面对的，不仅仅是急诊室中痛苦呻吟的病人，还有在走廊中排队的100多名患者，他们哪有几个小时的时间来检测酶呢？因此，遇到胸痛的病人时，医生们只能先尽其所能地搜集信息，然后通过推断的方式来诊断病人所患的疾病。

然而问题出现了：这种推测并不十分准确。为此，赖利在医院改革之初就采取了专门的行动以解决此问题。他搜集了20名很具代表性的胸痛患者的病历，并将病历交到一组医生手中。这些医生中有心脏病专家、内科医师、急诊室医师，以及住院医师。换句话说，这些医生都是在推测胸痛患者疾病方面经验颇丰的人。赖利让医生们推测这 20 名患者中哪些人确实患有心脏病。通过这个方式，他想看看医生们看法的一致性。然而，医生们的推断结果却是五花八门的：医生甲或许会让一个病人放心回家，而医生乙则可能会让同一个病人接受重症监护。赖利说："我们让医生们以 0~100 的数字为衡量尺度，分别表示病人罹患冠状动脉栓塞（即心脏病）的概率，以及每个病人在未来 3 天出现危及生命的严重并发症的可能性。这两项中的答案几乎从 0 一直排到了 100，真是不可思议啊。"

医生们都认为自己的推断是合乎逻辑的，而实际上，他们的推断却更像是猜测。毋庸讳言，猜测往往会导致失误。在美国的医院里，由于给病人做检查的医生的工作失误，有 2%~8% 的心脏病患者会被误诊为身体无碍。然而，医生由于无法确诊而过于谨慎的情况却更为常见——病人既然有心脏病发作的可能，那么忽视其病症岂不是铤而走险吗？

赖利告诉我说："比如，你在急诊室里接待了一个胸口有严重刺痛感的病人。他年老体衰、抽烟，还伴有高血压。诸多因素都会让你暗想，肯定是他的心脏出问题了。但是，在检查完这个病人后，你却发现他的心电图是正常的。你该怎么办？我估计，你可能会自己小声嘀咕，'这个病人年老体弱，胸口疼痛，还存在不少危险的致病因素，我可不能轻信了心电图啊'。近些年来，由于医疗机构对心脏病有关知识的大力宣传，许多患者一出现胸痛这一征兆，便会赶忙到医院就诊。与此同时，医生们迫于医疗失当的压力，也越来越不敢在诊断病人时抱有侥幸心理了。于是，在近些年被医院接纳的疑似心脏病患者里，真正有病的仅占大约 10%。”

而这便是摆在赖利面前的问题。他所任职的医院既不是资金丰裕的达特茅斯医疗中心，也不是芝加哥北区的豪华私立医院。他身在库克郡医院，不得不勒紧裤腰带，支撑起整个内科诊室的运营。尽管如此，医院花在实际上并没有患心脏病的人身上的钱却有增无减。举例来说，库克郡医院心脏病看护室中单张床位的价位大约是 2 000 美元一晚，有胸痛症状的病人一般可能会留院查看 3 晚，而在这些人中，大部分人的心脏并没有什么毛病。面对这种情形，库克郡医院的医生们不禁暗自思忖：“这是经营一家医院应有的方式吗？”

“医院的改革始于 1996 年。”赖利说道，“当时，我们为胸痛病人准备的床位处于‘床少人多’的尴尬境地，资源的紧缺让我们捉襟见肘。”那时，库克郡医院的冠心病监护病房共设有 8 张床位，另有 12 张床位设在过渡性冠心病监护病房中。相比之下，过渡性病房的密集度稍小，花费也更低（约 1 000 美元一晚，前者为 2 000 美元一晚），而且配备的人员由护士——而非心脏病专家组成，但这种病房还是无法解决问题。于是，医院又开设了另一种名为“急诊观察室”的病房，病人可在这种病房里待半天左右，接受最基本的看护服务。赖利继续说道：“这是我们创造的第三种病房，也是较低端的。我们心想，让我们看看这种病房能否缓解问题吧。但很快，工作人员就为应该安排哪些病人入住急诊观察室而争破了头，我的电话整晚就没有消停过。很显然，关于谁该入住急诊观察室的判断并没有标准化的合理方案可循。”

赖利身形高瘦，活像个长跑运动员。他从小在纽约长大，接受过传统耶稣会式的教育。在里吉斯中学就读期间，他学习了4年的拉丁文和希腊语；在福特汉姆大学读书时，他的阅读范围从古代哲学家跨越至维特根斯坦①和海德格尔②的著作。他本打算做一名哲学方面的学者，但后来还是选择了医者生涯。赖利在达特茅斯学院任助教时，发现当时没有一本教科书能够系统地阐释医生在治疗门诊病人时常遇到的症状，比如头昏、头疼以及腹痛等。他对此颇感失望，于是便利用下班后的空闲时间以及周末埋首写作，著成了一部800页的教科书，该书参考了所有与全科诊所医生最常见症状有关的文献。与赖利共同着手医疗方式改革的朋友兼同事阿瑟·埃文思说："无论是哲学、苏格兰诗歌，还是医药史，他总在探索不同的课题。他能同时阅读5本书。达特茅斯学院给了他一段时间的公休假，他居然利用这段时间写了一本小说。"

赖利本可以待在东海岸继续他的工作，本可以置身于舒适的空调房，孜孜不倦地针对大大小小的问题写论文，但是他却甘心前往库克郡。这家只为最贫困而迫切的病人提供诊疗服务的医院，吸引的也是一心想为最贫困而迫切的病人排忧解难的医护人员，赖利就是其中一位。另外，由于库克郡医院相对潦倒，人们可以在这里尝试比较激进的改革方案。对于一个钟爱改革的人来说，天底下还有更好的去处吗？

---

① 路德维希·维特根斯坦（Ludwig Wittgenstein），哲学家、逻辑学家、分析哲学的创始人和主要代表之一。——编者注

② 马丁·海德格尔（Martin Heidegger），德国哲学家，存在主义代表之一。——编者注

作为改革的第一步，赖利首先查阅了心脏病专家李·戈德曼（Lee Goldman）的著作。在20世纪70年代，戈德曼曾参与了一批数学家的研究项目，这些数学家十分热衷于研究统计规律，用以分辨诸如次原子粒子的物质。戈德曼本人对物理并不很感兴趣，但他偶然发现，这些数学家使用的一些原理可能会帮助他确认患者是否患有心脏病。因此，他向计算机中输入了数百个病例，想看看究竟通过什么因素可以预测出心脏病的发生，并由此得出了一个计算方程式。他相信，这个方程式能大量减少确诊时的不确定因素。他总结说，医生在诊断时应将心电图结果与3个因素结合起来分析，并将这3个要素称为“紧急风险要素”：第一，病人感到的疼痛是否是不稳定性的心绞痛？第二，病人肺内是否有积水？第三，病人的血压收缩压是否低于100毫米汞柱？

对于紧急风险要素的每一种结合形式，戈德曼都起草了一份树状诊断图，并推荐了一种相应的治疗方案。例如，心电图结果正常，但出现了全部紧急风险要素症状的病人应入住过渡性病房；心电图结果显示严重心肌缺血（指心脏的肌肉无法得到足够的血液），但没有出现或只出现了一项紧急风险要素症状的病人，则应入住急诊观察室；心电图显示心肌缺血，且出现两三项紧急风险要素的病人需直接入住冠心病监护病房；等等。

戈德曼在他的树状诊断图上倾注了多年的心血，一直不懈地对其进行提炼和完善。[7]但是，在他的科技论文的结尾，总会出现一句有些丧气的结束语，告诉大家在诊断图能够投入临床使用之前，还需要大量的实际操作和研究的佐证。然而时光荏苒，却没有一个人主动着手这些研究，就连戈德曼在研究之初所在的哈佛医学院，以及他完成研究时所在的加州大学旧金山分校这两所赫赫有名的大学中，也没有一人主动请缨。他的计算虽然缜密，但似乎没有人把他的论点放在心上：没有人会相信，一个等式能够超越一位训练有素的医师的诊断准确率。

有趣的是，戈德曼初次研究的赞助经费大多来自海军部门，而非医学界。戈德曼殚精竭虑，试图找出一种既能挽救生命、提高美国医疗的服务质量，又能节省几十亿美元保健经费的方法，但唯一对此表现出兴趣的组织却是美国国防部。这是为什么呢？可能大家都猜不到原因：试想你正在一艘潜入海底的潜水艇中，静静地在敌军海域里窥探情况，突然，一名海员的胸口出现了灼痛感。这时的你非常想知道该采取什么行动：是该升到水面（暴露你的位置），好把他送到医院呢？还是原地不动，给他几片罗雷兹（Rolaids）胃药，让他回床静养呢？

与医药界的主流观点不同，处于水深火热之中的赖利对戈德曼的研究成果没有一丝的顾虑。他借用了戈德曼的等式，将其介绍给库克郡医院急诊室和内科的医生们，并且宣布要进行一次对比试验。在刚开始的几个月里，医护人员可以像以往一样，通过自己的判断来评估病人的胸痛症状，在此之后，他们需要使用戈德曼的等式进行诊断。接着，有关人员将两种不同方式下每个病人的诊断和治疗结果做了对比，整个搜集数据的过程持续了两年。对比结果表明，戈德曼等式的效果遥遥领先，在两个方面双双取胜：首先，该等式在辨认没有患心脏病的胸痛病人方面十分准确，比医生以往使用方法的准确率足足高了70%；其次，此等式更加安全。诊断胸痛病人所患疾病的目的，在于确保迅速将患有严重并发症的病人分配到冠心病监护病房或过渡性病房。凭借自己的判断，医生们预测病情最为严重的病人的准确率为75%~89%，而戈德曼等式的准确率则达到了95%以上。对于赖利来说，这就是他所需要的定心丸。于是，他对急诊室的改革开始了。在2001年，库克郡医院成为全美首家全面应用戈德曼等式诊断胸痛病人的医疗机构，如果有机会到那里的急诊室走一走的话，你还会看到墙上贴着的心脏病树状诊断图呢。

5. 宁缺毋滥

库克郡医院的改革实验为何如此重要？因为我们总是理所当然地认为，决策者掌握的信息量越大，对他们就越有利。如果给我们看病的专家告诉我们，他/她需要对我们做进一步的检查，我们大多不会认为这是个坏主意。在“千年挑战”演习中，蓝军认为由于他们手头的资料比红军的详尽，他们也就自然而然地占有相当的优势。这也是蓝军认为自己无可匹敌的原因之一：他们比范里佩尔更具逻辑性，更有条理性，知道的也更多。但戈德曼等式却告诉了我们一个恰恰相反的事实：那些多余的信息绝不是什么优势，实际上，你只需知晓很少的信息，就能发掘深埋于复杂现象之下的本质。你需要的只是心电图、血压值、肺部积水和不稳定性心绞痛方面的信息，仅此而已。

这个观点在当时几乎是人们闻所未闻的。假设一名男性患者来到急诊室，说自己在上楼梯时左胸会偶发间歇性的疼痛，持续时间从5分钟到3个小时不等。此人的大脑、心脏检查以及心电图的结果都显示为正常，他的血液收缩压是 165 毫米汞柱，算不上需要紧急治疗的症状。但是，此人已年逾 60，是一位业绩斐然的公司主管，他处在源源不断的压力下，抽烟、超重、缺乏运动、血压值常年居高不下，两年前还做过心脏手术。此时的他大汗淋漓，看上去，他无疑应该被立马送往冠心病监护病房。但戈德曼等式得出的结果却是：这位患者不应被送往病房。从长远来看，我们不得不考虑等式之外的一些重要因素：比如，这位患者的现状、饮食和生活习惯，都很可能在未来的几年内让他罹患心脏疾病；这些因素甚至还可能会悄然提高患者在未来 72 小时发病的概率。但是，戈德曼的等式却告诉我们，这些额外的因素无足轻重，并不足以说明患者此时的病症，因此，即使摒除这些因素，我们也能做出准确的判断。这也恰恰是理解蓝军在海湾一战中溃败的关键所在：实际上，多余的信息非但无用，还有将问题复杂化的害处。在确诊病人是否患有心脏病时，医生们之所以表现得一塌糊涂，就是因为他们考虑的因素太多了。

在诊断过程中，有些医生会完全忽视病人心脏病发作的征兆，也就是说，他们完全无法辨认患者是否濒于或患有严重的心脏病并发症，这也是信息过多造成的问题。研究发现，当医生面对的患者是女性或少数族裔时，他们更易犯此错误。这是为什么呢？总体来说，在与心脏疾病有关的问题上，性别和种族等因素并非无关紧要，黑人与白人的总体患病风险有所差别，女性较男性的心脏病发作时间也要晚许多。[8] 而在对单个病人进行诊疗时，如果以上因素被医生纳入考虑范围，那么这些因素唯一的作用就是使确诊过程更加复杂。在上述情况下，医生对患者的了解越少——也就是说，当医生对患者的性别、人种一概不知的时候，他们的诊断正确率就会更高。

为了让人们接受自己的理论，戈德曼颇下了一番苦功。这也难怪：让我们对看似合情合理的信息视若无睹，这本身就让人有些百思不得其解。赖利告诉我："这正是戈德曼的决策方式遭受抨击的原因，也恰恰是最令人匪夷所思之处。人们评论说，'诊断过程一定不会只是看看心电图、提几个问题那么简单。为什么不询问病人是否有糖尿病或心脏病发病史呢？为什么不问病人的年龄呢？'这些疑问都在情理之中。因此，当人们接触戈德曼的理论时，不免质疑，'简直是一派胡言，这才不是做决策应有的方法呢'。"阿瑟·埃文思认为，医生们往往会理所当然地认为，关乎生死的决定一定是艰难而复杂的。他说："医生们觉得，按照准则规范进行诊断是乏味无趣之举，自己独立做决定才能获得更多的成就感。按照某个等式行事，人人都会，因此人们往往会抱怨：'拜托，这对我来说绝对是大材小用了。这个等式绝不可能有这么简单好用，否则医院干吗还给我这么高的工资呢？'"换言之，戈德曼的等式总给人一种不太可信的感觉。

多年以前，一个名叫斯图尔特·奥斯坎普的研究员组织了一项著名的实验。[9]他召集了几名心理学家，让他们分别研究一名29岁的老兵约瑟夫·基德的个案。在实验的初始阶段，斯图尔特只向心理学家们提供了基德的基本信息；接着，他又发给每人一份单倍行距、长一页半的文件，上面记录了基德的童年经历；在第三阶段中，他发给每人两页有关基德高中和大学生活的文件；最后，他又给了每人一份有关基德军旅和退役后生活的详细报告。每一阶段结束后，心理学家们都要按照要求完成一份有关基德的测验，回答25道多项选择题。奥斯坎普发现，他所提供的有关基德的信息越详尽，心理学家们对自己在测验中答题准确率的自信心就越高。但是，他们的回答是否真的越来越准确了呢？事实证明，并非如此。每一个阶段结束后，心理学家们都会得到更多的数据和信息，他们通常会回过头来更改测验中的8~10个选项，但其总体的正确率却基本稳定在30%上下。

奥斯坎普总结道："随着心理学家们掌握信息量的增多，他们对自己所做判断的自信也在飙升，而这与其实际判断的准确率完全脱节。"急诊室中的医生们也犯了同样的错误。他们搜集及考虑的信息太多了，大大超出了实际的需要，其原因就在于：大量的信息可以增强他们的自信——病人的生死大事摆在眼前，他们必须提高自己的自信才能应对压力。然而讽刺的是，正是这股对自信的强烈渴望，到头来却降低了他们判断的准确率。他们在头脑中编写出杂乱烦冗的等式，再将这些多余的信息硬塞进去，到头来却落得个更加糊涂的境地。

简言之，赖利和他的团队在库克郡所做的，就是为急诊室医护人员的自发行为提供一个可参考的框架。戈德曼等式实际上就是一项保护医护人员的准则，使其免受过多信息的重压，就像"一致"法则在舞台上为即兴演员提供的保护一样。有了这个等式的帮助，医生们才得以腾出手来，处理其他亟待考虑的问题，比如：如果病人没有患心脏病，那么他 / 她的身体到底出了什么毛病？是该多花些时间在这个病人身上呢，还是应该集中注意力照顾另一个病症更为严重的病人呢？该如何与病人交流、关心病人呢？我能做些什么来帮助病人康复呢？

埃文思告诉我："布伦丹·赖利努力传达给医护人员的一条信息，就是要耐心地与病人沟通，倾听他们的疾苦，一丝不苟地对他们进行全面而彻底的身体检查。这些技巧被许多培训课程忽视了，而赖利坚信，这些步骤在医生与病人的交流中扮演的角色是不可或缺的。他认为，我们需要对对方的家庭、居住环境以及日常生活习惯等背景信息有所了解，否则关心和照顾将只是纸上谈兵。他还认为，医学涉及许多社会学和心理学方面的因素，但医生们往往对此不予重视。”赖利相信，医生若是想要了解病人，就必须将病人当成人来对待；如果我们懂得了“同情”和“尊重”在医生与病人之间的重要性，那么我们就需要在心中腾出一席之地，让同情与尊重之花得以绽放。为此，我们需要缓解其他方面的决策带来的压力。

我认为，我们从这里可以学到两个重要的技巧。第一，真正成功的决策既要靠理性，也要靠直觉。鲍勃·戈洛姆之所以成为成功的汽车销售员，是因为他很善于通过直觉来感知顾客当时的意图、需求和情感。但除此之外，还因为他稔知应该何时踩刹车，即知道应该何时下意识地收手，忍住妄下定论的诱惑。同样地，正是由于李·戈德曼端坐于电脑之前，花费数月时间一丝不苟地对他所能搜集到的所有信息加以分析，库克郡的医生们才得以在急诊室繁重的工作中大显身手。如果我们有充裕的时间，既有电脑的辅助又有明确而具体的任务做指导，那么，理性思考不失为一种有效的方式，理性分析得出的结论也能够帮助我们为快速认知奠定基础。

第二，在好的决策过程中，化繁为简很重要。约翰·戈特曼将一个繁缛的难题简化为最为简单、基本的元素，他让我们看到，即使是最为复杂的恋爱关系问题，也隐含着可供我们识别的规律。李·戈德曼的研究表明，在寻找这些规律时，我们要对所需的信息抱有宁缺毋滥的态度。他向我们揭示，给决策者灌输过多的信息，往往不但无法帮助其辨识这些规律，反而会事与愿违地起到妨碍的作用。想要成为成功的决策者，我们就得学会筛选信息。

在使用薄片分析法时，也就是当我们辨识事物规律并做出瞬间决断时，我们对信息的筛选往往是在无意识的情况下完成的。初见盖蒂博物馆的那尊少年立像时，托马斯·霍温的双眼不由自主地注意到了那尊立像带给他的“新”的感觉；而费德里科·泽里则本能地注意到那尊立像指甲的别扭之处。两个人不约而同地剔除了其他有关那尊立像外观的千百个需要考虑的因素，唯独将注意力聚集在一点上，一语道破天机。在我看来，如果这一筛选过程被打断，如果我们无法删繁就简，或不知道该去除哪些信息，或者身处的环境不允许我们对信息进行过滤筛选的话，那么问题就麻烦多了。

还记得研究闪电约会的席娜·艾扬格吗？她做过一项实验，地点在加利福尼亚门洛帕克市一家名叫“德雷格”的高档食品店。她摆了一个货摊，准备了多种口味新奇的美味果酱，供人免费试吃。有时，货摊上摆有 6 种不同口味的果酱，有时，果酱的品种则多达 24 种。艾扬格想要看看，果酱品种的数量会不会对销量产生影响。当然，传统的经济学理论告诉我们，消费者面对的选择越多，由于他们能够更加方便地找到称心如意的产品，那么他们购买的东西往往也会越多。但艾扬格的发现却与之截然不同。当货摊上摆有 6 种果酱时，驻足品尝的人中有 30% 都掏了腰包，但当选择增多时，购买的人数却仅占品尝人数的 3%。这是为什么呢？原来，购买果酱是一种瞬间决断，你会下意识地嘟囔着：我想要这种口味，或那种口味。而一旦你面对的选择太多，一旦你考虑的选择超出了潜意识能够轻松应付的范围，你的思路就受到了阻碍。瞬间决断之所以能在瞬间做出，是由于它的简洁明了。如果想要捍卫自己瞬间决断的能力，我们就得采取措施，删繁就简。

这正是范里佩尔领导红军的理念。他和他的军队的确做过理性的分析，但这种分析只限于战前进行。一旦战火打响，范里佩尔便时时注意，不让无关紧要的信息拖累自己的军队。他的言语措辞简单且概括性强，总部与战地指挥官之间的通信也言简意赅，他希望借此创造出一个适合践行快速决断的环境。与此同时，蓝军却在享受信息，他们拥有引以为豪的数据库，内设 4 万条独立的记录条目；他们的面前摆放着“常见相关操作图片”——一个能够实时播放站地实况的巨大屏幕；所有想象可及的为美国政府效力的专家、学者都听从他们的部署。除此之外，蓝军还通过最为先进的界面，与 4 个军事部门的长官有着密切的联系；有专人负责细致分析和推测红军的下一步作战行动，并将分析结果源源不断地传达给蓝军。

然而，在战火打响之后，这一切信息都变成了累赘。范里佩尔说：“蓝军所持的理念和搜集的信息可以被看作战前的准备，对此我可以理解。但是一旦开始交火，这些信息还有意义吗？我可不这么认为。理性分析和直觉判断没有什么可比性，二者并无好坏之分。但如果将它们用在不适当的环境里，那可就不妙了。假如，你的步枪连被困在敌人机关枪的火力下动弹不得，连长召集了他的士兵们，说‘我们得老实地等着上级做出指示’。这简直荒唐透顶。这位连长应该当机立断地做出决定并执行决定，然后继续下一步的行动。如果我们采取的是蓝军的方法，那我们所有的行动速度就都得延缓一倍，甚至四倍。我们的进攻可能得在原计划的6~8天后才能执行。蓝军采取的这种方法很被动，你得分解一切，却无法再将其拼回原样。就像天气一样，长官并不需要了解气压计显示的气压、风速，甚至气温，他只需要知道天气预报的结果。如果你太执着于信息，你迟早会在信息中窒息的。”

保罗·范里佩尔的胞弟詹姆斯也曾是海军陆战队的一员，他晋升至上校后，便退伍回家了。如同大多数稔识保罗·范里佩尔的人一样，他对“千年挑战”演习的结局毫不吃惊，他说：“一些后期的思想家说，如果我们拥有更高的智商，做到眼观六路，那么我们就会百战不殆。而保罗却总是说，‘嘿，比如你正在参加一场国际象棋比赛。你是否能将棋盘上的一切尽收眼底？当然能。但你能保证你会胜出吗？当然不能。因为你看不到对手在想些什么。’越来越多的长官想要知晓一切信息，却反被羁绊、禁锢了。人是不可能手眼通天的。”那么，蓝军的势力比红军强大数倍这一因素，是否对战争的结果有很大影响呢？詹姆斯·范里佩尔上校说：“这就像《格列佛游记》里的情景，擎天巨人被细小繁缛的规矩和步骤困住了手脚，而小人国里的小人呢？他们却能够自由奔跑，随心所欲。”

6.“千年挑战”之第二回合

在红军于波斯湾突袭蓝军之后一天半的时间里，美军联合部队司令部总部大楼始终笼罩在一片令人不悦的寂静之中。终于，司令部的工作人员采取了行动。他们让时光倒流，让蓝军沉没在波斯湾底的战舰重新浮出水面。在第一回合的攻击中，范里佩尔以蓝军登陆的区域为目标，向波斯湾区域的多个港口共发射了12枚战区弹道导弹。而现在，司令部却告诉他，这些导弹都被一种新型的导弹防御力量奇迹般地击毁了。范里佩尔还在波斯湾区域内刺杀了多位支持美国的各国政要，而今他却被告知，这些刺杀也都被宣告无效了。

范里佩尔回忆道："突袭后的第二天，我走进作战指挥间，发现我的副手正在给我的军队下指令，指令的内容与之前的完全不同。比如，关掉雷达以防干扰蓝军，转移陆上部队，好让蓝军登陆时免于受阻，如此云云。我问，'我只击落一架V–22鱼鹰式倾斜旋翼机，行吗？'他说，'不行，一架也不能击毁'。我就纳闷儿了，问他这到底是怎么回事，他回答，'长官，军事演习的总指挥给我下命令了，让我下达新的作战指示'。所以，第二回合完全是照本宣科，如果战斗结果不合演习策划人的意，他们还会再折腾一遍的。"

"千年挑战"的第二回合蓝军获胜，红军全线溃败。在这第二战中，既没有出现突击行动，也没有出现需要当机立断的难题，实际战争中出现的复杂问题完全没有机会在美国国防部策划的这场演习中"抛头露面"。第二回合结束后，联合部队司令部和美国国防部的分析专家们欣喜若狂，他们认为，战争的迷雾已经烟消云散了，美军的战斗力量也得到了提升。由此，美国国防部胸有成竹地将注意力转移到了真正的波斯湾地区。一个暴虐的独裁者正威胁着当地的和平稳定，此人对美国恨之入骨，并且拥有大量出于宗教和民族因素而效忠的支持者，有传言说，他还非法窝藏着数个恐怖组织。美国必须将他赶下台，才能恢复他所在国家的稳定。只要美军抱令守律地运用他们的CROP、PMESI和DIME,那么取胜不就是小菜一碟了吗？

5

肯纳的窘境：如何了解人们的需求

当我们在某一方面修炼到登堂入室的程度时，我们的品位会变得越发专业、越发让外行难以理解，也就是说，只有专家才能对自己反馈的信息和看法负起责任。

摇滚歌手肯纳（Kenna）的童年是在弗吉尼亚海滩度过的，他的父母是来自埃塞俄比亚的移民。肯纳的父亲毕业于剑桥大学，是一名经济学教授。肯纳一家人常在一起收看美国有线电视新闻网提供的新闻节目和彼得·詹宁斯（Peter Jennings）主持的节目，他们喜欢听肯尼·罗杰斯（Kenny Rogers）的音乐。肯纳解释说："我爸爸之所以喜欢肯尼·罗杰斯，是因为他的那首《赌徒》（"The Gambler"）里传达的信息——世间万物都离不开学习、金钱和世界运转的规律。我的父母希望我能'长江后浪推前浪'，过得比他们好。"肯纳的叔叔偶尔会来家里做客，他让肯纳接触了不少新鲜事物，比如迪斯科舞厅和迈克尔·杰克逊。肯纳对杰克逊没什么兴趣，却对滑板情有独钟。他在自家后院建了一条滑道，和街对面的一个男孩一起练习滑板。一天，这个男孩带肯纳参观了他的卧室，卧室墙上是肯纳闻所未闻的一些乐队的照片。男孩送给肯纳一盘磁带，是 U2 乐队的《乔舒亚树》（"The Joshua Tree"）。肯纳回忆道："我翻来覆去地听，把磁带都听烂了。我以前从不知道音乐是如此的神奇。记得我当时十一二岁，音乐让我茅塞顿开，大开眼界。”

肯纳个头高大，英俊潇洒：他留着平头，蓄着山羊胡，摇滚明星范儿十足，却丝毫没有某些摇滚明星的咄咄逼人、口若悬河和矫揉造作。他生性温和、彬彬有礼、细心体贴、谦逊得出人意料，话语间流露出的温和诚挚让他活像个研究生。肯纳刚出道时，为广受追捧的“无疑”（No Doubt）乐队当过演唱会开场嘉宾，但他却不知是因为忘了告诉观众自己的名字（这是他的经纪人说的），还是有意隐瞒身份（这是他本人的说辞），惹得观众们在表演后大叫：“你是谁啊？”肯纳是个特立独行之人，这种性格一方面让他很具吸引力，另一方面却给他的音乐事业添了不少麻烦。

十五六岁时，肯纳自学了钢琴。他想学习声乐，于是就开始听史提夫·汪达（Stevie Wonder）和马文·盖伊（Marvin Gaye）的歌曲。他参加过一次选秀比赛，海选时，主办方备有一架钢琴，但正式比赛的过程中却没有，因此他上台清唱了一首布莱恩·麦克奈特（Brian McKnight）的歌。之后，他开始创作歌曲。他筹集了一些资金，租了一间录音棚，在那里制作了一盘录音小样。他的歌曲别具一格，并不算古怪，但颇为与众不同，很难界定属于哪种曲风。有的人想把肯纳归为节奏布鲁斯歌手，但他却对此很反感，因为他认为别人这样做的原因只是因为他是黑人。如果你在音乐网站上搜索一下，你就会发现他的歌曲时而被列入另类摇滚或电子乐板块，时而被列在“无法归类”一栏里。一个大胆的摇滚乐评人为了解决这个问题，干脆称他的歌曲是20世纪80年代英国新浪潮音乐和嘻哈乐的结合体。

如何对肯纳的音乐进行定位是一个棘手的问题，然而，在入行之初，肯纳本人却很少把这个问题放在心上。通过高中同学的引荐，他很幸运地结识了一些音乐人。对此，他这样说：“在我的人生中，一切东西都似乎来得很顺利。”他的歌曲先是被一家唱片公司的星探发现，通过此人的推荐，他的录音小样被传到克雷格·卡尔曼（Craig Kallman）的手中，由此肯纳幸运地打开了星路。克雷格·卡尔曼是大西洋唱片公司的董事长之一，私人收藏了20万张（盘）唱片和录音带，自称音乐狂人。有时，他一周就会收到一两百首新歌手的歌曲小样，每个周末，他都会待在家中，一首一首地试听这些歌曲。其中绝大部分的小样都不够出彩，他乍听之下就能分辨这一点。对于这种歌曲，他只听5~10秒就会把歌曲小样从播放器里取出来。但是每个周末，至少会有几首歌曲能够抓住他的耳朵，也偶尔会有一名歌手或一首歌曲破天荒地让他眼前一亮。肯纳就是这样一名歌手。卡尔曼回忆道：“听到他的歌时，我真是惊叹不已。我当时心想，一定要见见这个人。于是我立马把他接到了纽约，让他本人面对面地为我唱了他的歌。”说到面对面，卡尔曼用手比画了一段不超过两英尺的距离。

这之后不久，肯纳偶然有一次和他的一个音乐制作人朋友一起去录音室。丹尼·威默（Danny Wimmer）当时也在场，他与“软饼干”（Limp Bizkit）乐队的主唱弗雷德·杜斯特（Fred Durst）有过合作。当时，“软饼干”是全美人气最高的摇滚乐队之一。丹尼听过肯纳的音乐后不禁拍案叫绝，他打电话给杜斯特，通过听筒给他播放了一首肯纳的歌曲《自由自在》（“Freetime”）。杜斯特当时便说：“把他签下来！”之后，全球最伟大的乐队U2的经纪人保罗·麦吉尼斯（Paul McGuinness）也听了肯纳的唱片，并用飞机把肯纳接到爱尔兰与他会面。接着，肯纳以极小的成本为自己的一首歌曲拍摄了音乐短片，将之交给 MTV2 频道，也就是针对较专业的音乐爱好者的 MTV 电视频道。唱片公司有时不惜投入几十万美元的宣传经费，为的就是把公司的音乐录像带推上 MTV 频道，如果能播出一两百次的话，唱片公司就已经觉得是天降红运了。肯纳单枪匹马地把录像带送到了 MTV2 频道，而在接下来的几个月中，这段录像足足被播放了 475 次。事后，肯纳制成了一张完整的专辑，他把专辑交到卡尔曼手中，卡尔曼又将专辑分发给大西洋唱片的所有主管，他回忆道："每个人都想要这张专辑，这可几乎是前所未有的事情啊。"在肯纳为"无疑"乐队进行的开场表演大获成功之后，他的经纪人很快接到了来自罗克西（Roxy）的电话。罗克西是一家位于洛杉矶的夜店，在当地的摇滚乐界颇负盛名。罗克西问肯纳是否愿意第二天晚上在店里表演，经纪人满口答应，随即在肯纳的官网上发布了一条有关演出的信息，发帖时已是演出前一天下午 4:30 了。肯纳说："第二天下午，我们接到罗克西的来电，说他们不得不支走一部分观众。我还以为至多会有一百名观众到场呢，谁知现场被堵得水泄不通。前排的观众随着我一起唱，歌词记得一字不落。我可真是受宠若惊。"

这也就是说，真正懂得音乐的人（即拥有唱片公司、常去夜店的人或业界的行家里手）都很欣赏肯纳。他们只听了肯纳的一首歌曲，便倏地一下意识到：哇！太棒了！更确切地说，听了肯纳的歌曲之后，这些人的直觉告诉他们，肯纳会广受大众——普通音乐听众——追捧。而肯纳的问题就出在这里，因为，每当人们想要验证肯纳在普通音乐听众中的人气时，他们就会发现：肯纳还尚未被大众接受。

肯纳的专辑在纽约音乐界高管之间热传时，曾先后 3 次被拿到一家市场调查公司进行评估。这在娱乐圈里是常有的事。想要出名，艺人就得让自己的歌曲在电台播放，而电台只会播放一小部分歌曲，这些歌曲都被市场调查公司评定为能够快速引起听众的热烈反响。因此，唱片公司在投入百万美元签约艺人之前，先要花上几千美元，采用与电台相同的方法对歌曲进行测试。

举例来说，有的市场调查公司会在网上发布新歌，然后搜集所有登录网站听歌的听众所打出的评分，并加以分析；有的公司则通过电话或直接寄送歌曲小样的方式，让一批固定的人士为歌曲打分。一首歌曲有时会被几百人评分。几年下来，一套成熟的音乐评分系统日臻完善。比如，“金曲由你挑”就是华盛顿市郊的一家音乐评估服务机构，它拥有 20 万人的听众群，他们会对歌曲进行不定时的打分。唱片公司发现，如果一首针对美国电台 Top 40（听众多为 18~40 岁）打榜的歌曲，在 1~4（其中，1 表示“我不喜欢这首歌”）的分数中能得到高于 3 的平均分的话，那么这首歌就有大约 85% 的概率成为热门歌曲。

肯纳的歌曲被交到了一些音乐评估机构，但得到的结果非常令人沮丧。一家名叫“音乐研究所”的加州公司按年龄、性别和种族甄选了 1 200 名听众，把肯纳的唱片寄到了他们手中。3 天后，公司用电话尽可能地联系了所有的听众，让他们用 0~4 的数字为歌曲打分。公司制定了一份长达 25 页的“肯纳评估报告”，报告委婉地将听众对歌曲的意见归纳为“平淡无奇”。其中，肯纳最有潜力的歌曲之一《自由自在》被摇滚电台听众评为 1.3 分，在蓝调布鲁斯电台听众中只得了0.8分。“金曲由你挑”公司对专辑中的每首歌曲都打出了分数，其中有两首歌曲分数平平，另外8首连一般歌曲的分数都没能达到，该公司的结论更加刺耳：“肯纳和他的歌曲缺少主流听众群，也缺乏被电台广泛宣传的潜力。”

有一次，肯纳在一场演唱会的后台偶遇了U2乐队的经纪人保罗·麦吉尼斯。麦吉尼斯指着他说：“就是这个人。他具有颠覆世界的实力。”这是麦吉尼斯的肺腑之言。一位如U2这种乐队的经纪人肯定是熟谙音乐的行家里手，然而，他口中将要被肯纳颠覆的世界中的听众们却无法苟同。当听众调查结果纷至沓来时，肯纳一度看似前程似锦的事业戛然止步了。为了取得在电台播放的机会，他必须有确凿的证据证明自己在大众中的人气，无奈这种证据并不存在。

1. 第一印象可信吗?

在记录自己民意测验专家生涯的回忆录《克林顿背后》(*Behind the Oval Office*)一书中，迪克·莫里斯(Dick Morris)记录了他于1977年赴阿肯色州约见一位31岁的州检察长的逸事。这位年轻有为的男青年，就是比尔·克林顿。[1]

> 我向克林顿解释说，我的朋友迪克·德雷斯纳(Dick Dresner)在影视界做过观众意见调查，我的灵感就源于他。在一部新的《007》或《大白鲨》等系列电影的续集上映之前，电影公司便会请德雷斯纳撰写电影剧情简介，然后调查观众们是否愿意观看这

部片子。被调查者会推荐一些电影的宣传语和剧情简介，德雷斯纳负责从中挑选出一些最有感召力的内容使用。有时，他还会给被调查者读一些电影的不同结局，或者向他们描述同一电影场景的不同拍摄地点，好让他们根据自己的偏好进行挑选。

克林顿问："你会把这些方法用在政治上吗？"

我向他解释了具体运作的方法："我们为什么不能在政治宣传、演讲和辩论中也使用同样的方式呢？每次发言后，问问选民们的投票对象是谁，这样一来，你就能明白每个论点各影响了哪些选民，并由此获得多少选民的投票了。"

我们攀谈了将近4个小时，并在他的办公桌旁吃了午饭。然后，我向克林顿展示了我所做的民意调查示例。

他对我的方法赞叹不已。通过使用这种方法，我们就能将看似神秘的政治问题转化为科学理性的测试和评估了。

克林顿当选美国总统后，莫里斯成为他非常重要的顾问之一。许多人认为，莫里斯大力鼓吹的民意调查有很大的弊端，亵渎了当选官员领导人民和按章办事的职责。这种观点有些言过其实了，因为莫里斯只是将风靡于商界的概念带到了政界而已。许多人都希望捕捉到大众对周边环境所产生的看法和反应，却苦于其捉摸不定的特性。无论是影视、音乐，还是汽车、洗涤剂的制造商，都无一例外地想一窥大众对其产品的想法。就是出于这个原因，看好肯纳的乐界人士不能仅凭自己的直觉就轻举妄动。听众们对肯纳歌曲的评价实在太难以捉摸了，乐界人士仅凭直觉是无法判定的。看来，想要了解大众的心声，最好的方法莫过于直接对他们进行询问了。因此，肯纳的音乐就被送到了市场调查部门。

但事实真的如此吗？在约翰·巴格的实验中，受到礼貌字眼诱导的学生们耐心地站在走廊中，如果这时你上前询问他们静候的缘由，学生们是无法向你解释的。如果你问艾奥瓦大学实验中的赌博者，为什么倾向于从蓝色纸牌里抽牌，那么至少在抽到 80 张牌之前，他们自己对此也是一头雾水。塞缪尔·戈斯林和约翰·戈特曼发现，通过端详一个人的肢体语言和面部表情，或是通过观察其书架上摆着的书和墙上挂着的毕业证书，我们对此人所思所想的了解要比直接询问他们准确得多。维克·布雷登发现，虽然运动员很愿意也很擅长主动对自己的动作做出解释，但这些解释——尤其是对有关潜意识自发产生的想法和决定的解释——并不一定正确。有时，这些想法和决定可能只是一时兴起。因此，无论是在市场调查者询问消费者对产品的看法时，还是让大众解释是否喜欢刚听过的一首歌曲、刚看过的一部电影、刚听说的一位政界人士时，我们又该对这些答案抱有几分信任呢？调查人们对一首摇滚歌曲的看法，这听上去像是件容易的差事，实则不然。然而，焦点小组[①]和民意调查的组织者并没有很好地注意到这个问题。想要知道肯纳的人气究竟如何，人们就需要对错综复杂的瞬间决断进行更为全面的探索。

---

① 焦点小组，即小组座谈（Focus Group），是由一个经过训练的主持人与一个小组的被调查者进行的半结构化访谈。小组座谈法的主要目的，是通过倾听一组从调研者所要研究的目标市场中选择的被调查者的反馈，获取对一些关于某些特定问题的深入了解。——编者注

2.“百事可乐大挑战”

20世纪80年代初，可口可乐公司被前途问题扰得忧心如薰。可口可乐公司曾一度在软饮料市场上雄霸一方，但百事可乐公司却一直不断地朝着它的地位步步逼近。1972年，18%的软饮料饮用者表示自己只喝可口可乐，而自称只喝百事可乐的人仅占4%。然而到了20世纪80年代初，尽管可口可乐公司每年花在广告宣传上的经费超过1亿美元，且销售覆盖区域比百事可乐广泛许多，但其铁杆粉丝的比例却跌至12%，百事可乐的粉丝比例则上升到11%。

在销量骤增的时候，百事可乐公司开始了一场被称为“百事可乐大挑战”的市场竞争战略活动。百事可乐公司在全美范围内播放电视宣传广告，要与可口可乐一争高下。百事可乐公司召集了可口可乐的忠实爱好者，让他们从两个分别标有“Q”和“M”的玻璃杯里品尝两种饮料。他们更喜欢哪一种饮料呢？他们不约而同地选择了“M”，而“M”就是百事可乐。可口可乐公司对“百事可乐大挑战”的第一反应是质疑，但该公司私下里也组织了这种味道盲测，结果却与百事可乐公司的结论如出一辙：大部分品尝者（57%）在可口可乐和百事可乐之间选择了后者。57%对43%的优势是不容小觑的，0.1个百分点往往就意味着百万美元的利润之差。因此，这条晴天霹雳般的消息对可口可乐公司的高管的打击便可想而知了。可口可乐著名的秘密配方一直都保留着其神秘的面纱，此配方从公司始建起就从未更改过。但是，我们面前这看似确凿的证据却告诉我们，可口可乐的时代一去不返了。

在这之后，可口可乐公司的高管们又进行了一系列市场调查，但得到的结果却令他们越发丧气。可口可乐公司 CEO 布赖恩·戴森（Brian Dyson）当时评论说："可能是消费者们觉得可口可乐的一些独特口感——比如沁凉口感——太过刺激了。一提起如'滑口'或'畅爽'一类的词语，消费者们想到的就是百事可乐。也许是人们解渴时追求的感觉有了变化吧。"当年，可口可乐公司消费者市场调查部门的部长名叫罗伊·斯托特（Roy Stout），他是公司里主张对"百事可乐大挑战"的调查结果予以重视的中流砥柱之一。他曾对公司的高管们提出问题："我们的自动售货机比百事可乐公司的多了一倍，产品上架率和广告费都比百事可乐公司高，而且价格很具竞争力，那么，为什么我们的市场份额却在下滑呢？面对'百事可乐大挑战'，我们不得不把目光聚焦于口感问题。"

以此为肇始，新可口可乐诞生了。可口可乐公司的研究人员对传说中的秘密配方加以改进，使新可口可乐的口味比以前更加清爽、甘甜，更像百事可乐了。效果立竿见影，可口可乐的市场调查者发现，在味道盲测中，这些新可口可乐样本竟然与百事可乐打成了平手。可口可乐公司继续加紧对口味的提升，1984 年 9 月，研究人员对新改进的版本进行了测试，这就是新可口可乐的最终版本。这一次，可口可乐公司召集的品鉴者可不仅仅是几千人，而是遍及北美地区多达几十万名的消费者，在这次的味道盲测中，新可口可乐以 6~8 个百分点的优势领先于百事可乐。可口可乐公司的高管们为之大振，这款新饮料也好评如潮。在新可口可乐的产品发布会上，可口可乐董事长罗伯特·C. 戈伊苏埃塔（Roberto C. Goizueta）将这款可乐称为"公司迄今为止最有把握的一次创举”，新可口可乐的成功似乎已是板上钉钉的事了。可口可乐公司采取了想象所及的最简单、最直接的方式，向消费者询问观点，消费者也如实地予以回答：他们不太喜欢老版的可口可乐，但对新版可口可乐却赞赏有加。这样一来，新可口可乐又怎么会失败呢?

然而，新可口可乐的确失败了，而且败得一塌糊涂。可口可乐迷们暴怒了，他们对新可口可乐进行了声讨，全美的抗议呼声此起彼伏。可口可乐公司陷入一片危机之中。短短几个月后，公司不得不重新搬出最原始的可乐配方，推出了经典可口可乐，而这时，新可口可乐的销售已经趋近于零了。预言中新可口可乐的名声大噪只是“黄粱一梦”罢了。然而，更令人吃惊的是，虽然有确凿的市场调查结果撑腰，但百事可乐原本看似稳操胜券的销量攀升也并没有出现。在过去的几十年里，可口可乐、百事可乐以及另一种味道稍逊的饮品的盲测结果表明，三方的销量几乎是持平的状态，而世界第一软饮料的头把交椅仍由可口可乐稳坐。新可口可乐的例子很好地向我们揭示了一个道理：了解他人的真实想法并非易举。[2]

3. 盲人指路

想要分析“百事可口大挑战”的调查结果并非易事，原因之一在于，这种口感调查源于被业界称为“小口测试”或“会场测试”的行销调查模式。品尝者并不会喝完整罐饮料，而是从每种品牌的饮料中啜一小口，然后选出自己的所爱。假设我现在用一种稍微不同的方式来测试一种软饮料：我给你一箱饮料，让你带回家品尝，然后让你在几周后将你对这种饮料的评价告诉我，你觉得这种方式会收到不同的效果吗？答案是肯定的。在百事可乐公司新品研发部供职多年的卡罗尔·多拉德说："会场测试的结果往往与家用测试的结果相悖，这种现象我见过多次了。比如，在一次会场测试中，消费者可能会连着品尝三四种饮料，每种饮料只喝一两口。抿一小口饮料与独自坐着品完一整杯饮料的感觉是有很大差别的。有时，一小口饮料尝起来不错，但喝下一整瓶却不然。因此，家用测试才能给你最准确的调查结果。消费者并不用身处公司布置的会场中，而是在家里、在电视机前坐着。在这种环境中，他们的反应才与产品真正上市时市场的反应最为接近。"

多拉德给我们举了一个例子，在调查饮品甜度时，"小口测试"的调查结果会出现种种误差："在小口测试中，消费者通常会偏爱口味更甜的产品。但如果他们喝的是一整瓶或一整箱饮料的话，同样的甜度就会让人感到过分甜腻了。"百事可乐比可口可乐稍甜，所以前者在小口测试中具有明显的优势；百事可乐以其刺激的柑橘味著称，可口可乐的口味则更加偏于香草和葡萄干的味道。但如果消费者喝下一整罐百事可乐，那么其柑橘味就不太明显了，这是另一个让可口可乐在小口测试中相形见绌的原因。简单来说，百事可乐就是为小口测试而生的。这是不是说"百事可乐大挑战"包含欺诈因素呢？并非如此。这只是说明，我们在喝可乐时有两种反应，我们对抿一小口和喝一整罐的反应是不同的。想要了解消费者对可乐的看法，我们就必须首先确定自己所偏重的是他们的哪一种反应。

除此之外，我们还得考虑感知转移的问题。首创这一概念的，是20世纪的市场营销学大师路易斯·切斯金（Louis Cheskin）。切斯金生于世纪之交的乌克兰，幼时移居美国。他坚信，人们在超市或商场中考虑是否要购买某件商品时，会在无意间将自己对商品包装的感知或印象转移到商品本身。也就是说，切斯金认为，我们的潜意识是无法区别对待商品与包装的，商品等于包装和商品本身的结合体。[3]

切斯金用人造黄油做过相关的实验。在20世纪40年代末期，人造黄油并没有太受消费者的青睐，少有人吃，也少有人购买。但切斯金很好奇：人们为什么对人造黄油没有兴趣呢？是他们不喜欢这种食品，还是他们对人造黄油有什么负面的联想呢？他决意解开谜题。在那个年代，人造黄油的颜色是白的，切斯金将其染成了黄色，好让它看上去更接近黄油。接着，他组织了几场午宴，邀请主妇们参加。由于切斯金想在人们不知情的情况下展开实验，因此他并没有把午宴起名为“人造黄油测试午宴”，只是单纯地向主妇们发出了午宴邀请。切斯金创建的咨询公司现任的一位领导人戴维斯·马斯滕说：“我敢打赌，所有的主妇都是戴着白色的小手套来赴宴的。切斯金先请了几位演讲者上台发言，然后便开始上菜。主妇们的桌上有的放着小块的黄油，有的则放着黄颜色的人造黄油。鉴于实验的保密性，他们并没有把这个区别告诉主妇们。饭后，每个人都要按照要求对演讲者和食物打分，结果表明，人们认为所谓的‘黄油’与真正的黄油味道都相当好。曾有市场调查结果表明，人造黄油没有销售市场，但切斯金却说，‘让我们从侧面入手来解决这个问题吧’。”

事到如今，如何增加人造黄油销量的问题已经清楚多了。切斯金让他的客户将产品命名为“帝国牌人造黄油”，在包装上印上威严的皇冠。他从午宴实验中发现，产品的颜色尤为重要，因此他告诉客户，人造黄油必须要改成黄颜色的。接着，他指导客户用锡纸包裹人造黄油，因为当时锡纸常被视为高品质的象征。如果在味道盲测中有两块别无二致的面包，一块面包上涂着白色的人造黄油，另一块则涂着锡纸包装的黄色帝国牌人造黄油，那么毋庸赘言，第二种面包一定会受到参与者的一致青睐。马斯滕说：“你绝不能开口问消费者是否想要锡纸包装，因为你得到的答案肯定都是‘我不知道’或‘我要锡纸干什么’。你只要问消费者哪种黄油的口味更佳，通过旁敲侧击，你就能了解他们真正的想法了。”

后来，切斯金咨询公司以一种浅显易懂的方法向人们展示了感知转移的力量，其中涉及的是两款正在竞争中的低价位品牌白兰地：“克里斯汀兄弟”（Christian Brothers）和 E&J（为了让读者更清楚地了解两种品牌的消费者构成情况，这里要特别说一下，E&J 被顾客称为 Easy Jesus——“快活耶稣”）。其中，找切斯金公司做咨询的是“克里斯汀兄弟”，该公司想查一查，公司产品于同行业产品中领先多年后，为什么市场占有率会因 E&J 的竞争而节节下滑。两款白兰地的价格相差无几，货品上架率几乎相同，广告宣传费用也大致相仿（针对这些白兰地消费者的广告少之又少）。那么，为什么“克里斯汀兄弟”会节节失利呢？

切斯金策划了一场共有 200 名白兰地饮用者参与的味道盲测，其中，两个品牌的白兰地得分相差无几。于是，切斯金决定进行深入的调查。公司的一位名叫达雷尔·雷亚的高层领导告诉我们：“我们另外换了两百名参与者，又做了一次味道盲测。这一次，我们事先将每杯酒的品牌告诉了参与者，这样一来，参与者们就会将对产品品牌的认知转移到产品上了。结果，‘克里斯汀兄弟’的得分上升了。”很明显，人们对“克里斯汀兄弟”这个名字的积极联系要比对E&J的多。这就让整个问题变得更加扑朔迷离了，既然“克里斯汀兄弟”这一品牌更具影响力，那么为何它的市场份额会有所下滑呢？“因此，我们又重新选了两百人进行测试。这次，我们把装白兰地的酒瓶也拿到了测试现场。虽然我们没有让参与者为白兰地的包装打分，但是酒瓶就摆在他们眼前。结果如何呢？数据显示，人们更加偏爱E&J品牌。由此，我们通过排除法确定了克里斯汀兄弟公司的问题所在。这问题既不出在产品上，也不出在品牌上，而是出在包装上。”雷亚取出一张图片，上面是当年两种白兰地酒瓶的模样。“克里斯汀兄弟”的包装看上去很像葡萄酒瓶：细长的瓶嘴，米黄色的商标，显得很朴素。相比之下，E&J的包装则要奢华许多：低矮的有色玻璃瓶身，看上去有一点像雕花玻璃瓶，瓶嘴包裹有锡纸，商标呈深色调，很有富贵之美。为了证明自己的推断，雷亚和他的同事们又做了一次实验，他们将“克里斯汀兄弟”和E&J的酒瓶进行了对调，猜猜人们会更喜欢哪种白兰地呢？“克里斯汀兄弟”以压倒性优势赢取了大多数人的好评。现在，“克里斯汀兄弟”既拥有醇厚的口感、知名的品牌，又如虎添翼地拥有了华丽的包装。于是，克里斯汀兄弟公司重新设计了酒瓶包装，从外观上向E&J靠近。毋庸置疑，问题迎刃而解了。

切斯金公司的办公区位于旧金山市郊。谈话告一段落之后，马斯滕和雷亚带我去了附近的诺布山农场超市。这家超市是一家以贩卖食品为主的大型商场，里面宽敞明亮，是美国郊区常见的超市。我们进去后，马斯滕告诉我说："我们对这里的每个货架几乎都做过研究。"我们面前是饮料区，雷亚弯下腰，拿了一罐七喜："我们曾经制作了几个版本的七喜饮料包装来做测试，测试的结果是，如果你在包装上增加15%的黄色，也就是说，去除一些绿色，加入黄色，那么实验对象会认为饮料中的酸橙或柠檬味增加了许多。他们甚至会觉得愤愤不平——'你把七喜的味道变了！可别又要推出个什么新七喜啊！'其实，产品是一模一样的，只是人们对不同的包装会产生不同的感知，又将感知转移到了饮料本身。在这个例子里，改变包装可不是什么明智之举。"

我们从饮料区漫步到了罐头食品区。马斯滕拿起一罐"柏亚迪主厨"牌意式馄饨，指着罐头商标上的厨师说："他的名字叫赫克托。我们对这种人物类商标挺有研究的。他和'奥威尔瑞登巴克'爆米花包装上的男士形象、贝蒂妙厨包装上的女士形象，还有阳光少女葡萄干包装上的那个少女形象一样。一般而言，消费者对某种食品越钟爱，他们对产品的态度也就越保守。对于赫克托来说，他的形象应该越真实越好，因为消费者需要的是一个切合实际的面部形象。通常来说，面部近照的效果要优于全身像。我们用过几种不同的方法对赫克托的产品进行测试。你觉得通过改变赫克托的形象，我们能让他的意式馄饨变得更美味吗？干这件事很容易弄巧成拙，比如用卡通形象替换真人形象。我们以赫克托本人为标准找来一些卡通形象的图片，结果是，你用的形象越卡通，赫克托的形象就越抽象，人们对食品的质量和口味的感觉也就越差。"

马斯滕拿起一罐“荷梅尔”牌罐装肉，说道：“我们也做过这个品牌的实验，测试的是该厂的商标图案。”他用手指了指两个字母之间的一小棵欧芹，说：“这点欧芹给整罐食品带来了新鲜感。”

雷亚拿出一瓶“经典”牌番茄酱，对我讲起了不同的包装所富有的不同含义：“德尔蒙食品公司不用锡罐装桃子罐头，而是用玻璃罐做包装，给消费者一种‘啊！这就像我祖母做的罐头一样’的感觉。消费者认为，用玻璃罐包装的桃子口感更佳，这和人们更加喜欢圆筒包装而不是长方形包装的冰激凌是一个道理。只要人们觉得某种产品的口感好，他们就会心甘情愿地多花 5~10 美分。这全归功于包装的力量。”

马斯滕和雷亚的工作，就是告诉各家公司如何操控消费者对产品的第一印象。有人可能认为他们的工作不太光明正大，这也难怪，如果公司把巧克力碎冰激凌中的巧克力碎加大了一倍，在包装上写道：“全新升级！巧克力碎加大！”然后加价 5~10 美分的话，那么这种做法是无可厚非的。但如果商家仅仅把冰激凌的包装从长方形换成了圆筒形，然后就多收 5~10 美分的话，这怎么看都属于蒙骗消费者的行为。但是，如果我们好好想一想就会发现，其实以上这两种做法在实际生活中并无本质上的区别。如果冰激凌的味道变好了，我们便愿意出更高的价钱来购买，而商家通过更换圆筒形的包装，也足以让我们感觉到冰激凌更好吃了，其效果和加大巧克力碎别无二致。诚然，在这两种形式的产品升级中，一种是我们可以意识到的，另一种则是通过潜意识来影响我们的。但是，这个区别真的很重要吗？为什么冰激凌公司只能通过我们能够意识到的方法对产品进行升级，从而获利呢？你可能会指出："他们这是在背地里耍花样。"但是，在背地里耍花样的到底是谁？是冰激凌公司，还是我们自己的潜意识呢？

马斯滕和雷亚并不认为难吃的食品能靠讨巧的包装蒙蔽消费者，食品的口感是非常重要的。他们只是认为，当我们把食物放入口中时，在判断食物是否好吃的那一瞬间，我们做出反应的依据不仅包括味蕾和唾液腺发出的信息，还包括双眼、记忆和想象力传播的信号。公司如果只顾其一不顾其二，那可就是顾此失彼了。

这样说来，新可口可乐产品的惨败就更显得可口可乐公司的失策之严重了。第一，公司对小口测试的结果太过于关注；第二，整个味道盲测的原理都经不起推敲。可口可乐公司不应该太过于关心老版可口可乐在味道盲测中的失利，消费者也不应对百事可乐在测试中获胜却没能在实际销量上称霸一事感到诧异。为什么？因为在现实生活中，没有人会像在盲测里那样喝可乐。我们在潜意识里会对可口可乐产生各种各样的联想，比如品牌、形象、包装罐，还有商标上那清楚醒目的红颜色，而这些联系都被我们转移到了喝可口可乐时的感知当中。雷亚告诉我："可口可乐公司的失误在于，它把市场份额被百事可乐公司抢占的原因全盘归咎到了产品本身。但是在可乐饮料的产业中，品牌形象占有举足轻重的地位，可口可乐公司却遗漏了这一点，把所有注意力都放在如何改进产品上了。而百事可乐公司却紧盯年轻人市场，请来迈克尔·杰克逊做形象代言人，策划了许多收效甚佳的宣传。诚然，在小口测试里，消费者偏好于甜度更高的饮料，但他们并不会拿小口测试作为购买的依据。可口可乐错就错在，他们让穿着白大褂的研究员越俎代庖了。"

那么，在肯纳的故事中，身着白大褂的研究员是否也越权行事了呢？市场调查者推测，只要通过电话或网络播放肯纳的一首歌或歌曲片段，根据听众对歌曲的反应就能准确地判断音乐购买者对肯纳歌曲的想法。他们认为，这些音乐爱好者能在几秒的时间里就对一首新歌进行薄片分析。这种认知在原则上无可厚非，但是，正确的背景信息是薄片分析法不可或缺的因素。我们的确可以快速地判断出一段婚姻中存在的问题，但观察夫妻二人打乒乓球可不是解决之道。我们需要观察的，是夫妻对有关两人情感关系的谈话。仅仅依据对话中的某些片段，我们就可以用薄片分析法判读出内科医生因为医疗失当而被起诉的概率，但是我们依据的对话必须得是发生在医生和病人之间的才行。所有看好肯纳的人都是掌握了正确的背景信息的：罗克西夜店和"无疑"乐队的演唱会的工作人员都亲眼见过肯纳本人，克雷格·卡尔曼把肯纳接到办公室里，听了他的现场演唱；弗雷德·德斯特是经一位值得信赖的同事的大力引荐而听说肯纳的；MTV 频道的观众则是由于看过肯纳的音乐录影带，才要求电视台多次播放他的歌曲的。摒弃这些因素就对肯纳下定论，无异于让百事可乐和可口可乐在味道盲测中一决高下。

4. 死亡之椅

Aeron 办公椅是两位著名家具设计师共同设计出来的——唐·查德威克（Don Chadwick）和比尔·斯顿夫（Bill Stumpf）。两人受雇于家具制造商赫曼米勒公司，此前便已设计出两款名为 Ergon 和 Equa

的办公椅。然而，两位设计师却认为这两款椅子并不尽如人意。虽然二者的销量都很不错，但两位设计师觉得，Ergon 太过笨拙，设计不够成熟，Equa 虽然与其相比有所改进，但是由于众多公司的仿造，这款椅子对他们来说已经没有什么特别之处了。斯顿夫说：“我之前设计的椅子都大同小异。这次，我想设计一点不一样的。”他将这次的设计项目命名为 Aeron。Aeron 办公椅的故事告诉我们，想要判断人们的想法，我们还会碰到另一个更加棘手的难题，那就是：人们通常难以解释其对陌生事物的看法和感受。

斯顿夫和查德威克希望制造出一款符合人体力学的办公椅，从而最大限度地改善工作条件，提升办公效率。他们在 Equa 的设计中已经尝试过这一理念了，在 Aeron 的设计上，他们要进一步推行这一理念。为此，他们不惜投入大量心血，精心设计椅背和椅盘连接处的构造。一般椅子的椅背和椅盘之间通常是由简单的铰链连接的，人们可以将椅背往后靠。但使用铰链的问题在于，椅背以铰链为支点的前后运动与我们的脊椎以臀部为支点的运动方式不尽相同。因此在靠在椅背上时，我们扎在裤子中的衬衣时常会被揪出来，脊背也会承受不必要的压力。而经过精密的设计，Aeron 的椅背和椅盘的活动是互不相干的。除此之外，赫曼米勒公司的设计部门希望设计出可以完全灵活调节的扶手。普通座椅的扶手常连接在椅盘底下，因此较难调节，而 Aeron 的扶手则安装在椅背上，因而很好调整。赫曼米勒公司还要求座椅给予使用者的肩膀以最大的支撑，于是 Aeron 的椅背被设计成上宽下窄的样式，与普通座椅椅背上窄下宽的设计恰恰相反。公司设计部门的最后一个要求，是希望椅子能够给长时间待在办公桌前的人带来舒适感，斯顿夫对此这样说：“我观察了草帽、柳条编制的家具等。我一直很反感外包布料、内填泡沫制成的家具，因为它们看上去既闷热又黏糊糊的。皮肤是个器官，需要呼吸，因此我想设计一种能像草帽一样透气的家具。”斯顿夫最终敲定的 Aeron 成品是用塑料框架构成的，上面紧紧包裹着一层经过特殊设计和制作的超薄高弹网状材料。透过材料的网眼，你会清楚地看到椅盘底部下方的杠杆、机件以及硬质塑料配件。

赫曼米勒公司在数年的座椅销售经验中发现，在选择办公椅时，绝大多数消费者会不由自主地被最显示身份和地位的座椅吸引，那些带有政治家风情或类似御座的、靠垫大而厚且椅背高耸的椅子尤其受人追捧。而 Aeron 却与上述这类座椅截然相反：它由黑色的塑料、突兀的隆起和网状物组合而成，它的外观纤长而透明，活像一只史前巨型昆虫的外壳。斯顿夫告诉我：“美国人已经习惯了乐至宝单人沙发那种舒适的座椅。德国人常拿美国人在车座里加了太多衬垫做笑柄，美国人对柔韧性上了瘾。我时常想到米老鼠手上戴着的手套，如果我们看到的是它的爪子，那恐怕没有人会喜欢它吧？而这次我们所做的，就是要和这种柔软感背道而驰。”

1992 年 5 月，赫曼米勒公司展开了被其称为“试用测试”的实验。公司把 Aeron 的雏形送到西密歇根当地的公司，让人们试用半天以上的时间。刚开始的时候，人们反馈的信息并不乐观：赫曼米勒公司让人们用 1~10 的数字来评定椅子的舒适度，其中 10 分表示完美得无懈可击。一款产品想要上市，最好至少达到 7.5 分。而 Aeron 雏形的分数却在 4.75 分上下。赫曼米勒公司甚至有一名职员制作了一份超市宣传册，作为恶作剧在封皮印上了 Aeron 的图片，并配上了“死亡之椅，坐者必死”这一标题，还把这幅图作为一份 Aeron 早期研发报告文件的封面。人们看着 Aeron 金属丝般的框架，不由得担心这把椅子能否支撑住他们的身体，椅子的网状结构也让他们对椅子的舒适性心生疑虑。赫曼米勒设计研发部门的时任高级副总裁说：“想让人们坐在看上去奇形怪状的东西上是一件很难的事情。如果你的椅子框架是用金属丝做成的，人们往往会觉得这把椅子不结实，也就会犹豫是不是应该坐上去。座椅是一种很私人的东西，因为身体要与座椅发生亲密的接触，所以人们对一把椅子的看法往往要受到如由目测得出的温度和硬度等信息的影响。”然而，通过在设计上孜孜不倦的改进，赫曼米勒公司制造出了更新、更好的模型，逐渐打消了人们的顾虑。于是，人们的评分也开始一点一点逐步上升。等到赫曼米勒做好了 Aeron 的上市准备之时，人们对其舒适度的评分已经超过了 8 分。这真是一个振奋人心的消息呀。

然而，也有坏消息：几乎所有的人都清一色地认为，Aeron 的外形既笨拙又丑陋。Aeron 设计小组的领导者比尔 · 道尔说：“从一开始，Aeron 在美观上的得分就远远滞后于舒适度得分，这是很反常的现象。参与座椅评估的人有成千上万，我们发现，人们对美观和舒适的评分总是最为相近的数据之一。而 Aeron 则不然，它的舒适得分超过了 8 分，算是个了不起的分数，但刚开始的美观分数却一直在 2 分和 3 分之间徘徊，没有一种模型能超过 6 分大关。我们被搞得一头雾水，心里七上八下的。我们以前的 Equa 办公椅也很前卫大胆，但人们对其外观却好评如潮。”

1993年年末，赫曼米勒公司一边着手策划Aeron办公椅的上市，一边在全美范围内组建了一系列焦点小组。公司希望以此作为对椅子定价和市场营销的参考，并且希望能够确保Aeron的概念得到广泛的支持。公司首先从由建筑师和设计师组成的小组开始调查，发现这些人对Aeron普遍持接受的态度。道尔说："他们明白Aeron是很前卫的，其中虽然有些人认为椅子不美观，但他们清楚，椅子的外形是为了实现椅子的功能服务的。"接下来，公司又将椅子向工程设备经理和人类工程学专家做了展示，椅子是否能够获取商业利润，最终还得看这些人的观点。

而Aeron所获的反馈信息却让公司凉透了心。道尔说："他们看不出Aeron有任何美感。"这些专家和管理者建议赫曼米勒公司用不带孔隙的材料作为Aeron的椅套，还说这种椅子别想在公司职员这一群体中打开销路。一位工程设备经理说，Aeron活像草坪家具里的椅子和老式的汽车车座；另一位则说，这种椅子就像是从《机械战警》（*RoboCop*）的场景里搬出来的；更有甚者，认为Aeron看上去好像完全是以回收的垃圾为原料做成的。道尔回忆道："我记得，有一位斯坦福大学的教授对椅子的概念以及功能给予了肯定，但希望我们设计出'外观升级后的模型'时再请他来看。我们在玻璃墙后面说，'哪儿还会有什么外观升级后的模型呀！'"

现在，请站在赫曼米勒公司的角度来看一下这个问题。你为了研发一款新产品花费了大量心血，你花重金更新了家具生产厂的设备，还要不惜成本地确保Aeron的网眼不会夹到使用者的屁股。但现在你却发现，人们并不喜欢Aeron的网状设计，确切地说，他们觉得这款椅子从头到尾都毫无美感可言。多年的销售经验早已告诉你，人们是不会去购买他们觉得难看的椅子的。那么你又该何去何从呢？你可以把这个设计付之一炬；可以将椅子返工重做，用人们熟悉的柔软泡沫橡胶作为椅子表面的材料；也可以相信直觉，奋勇前进。

赫曼米勒公司采取了第三种做法，它选择了径直前进，而结果如何呢？刚开始时，公司的收益甚微，因为 Aeron 毕竟是款难看的椅子呀。然而，没过多久，这款座椅就开始受到了设计界一些前沿人士的关注，还荣获了美国工业设计师协会颁发的“十年最佳奖”。在广告之都纽约以及加利福尼亚的硅谷，Aeron 由于符合新兴的审美观念而风靡一时。通过电影和电视广告的宣传，Aeron 的利润由逐渐上升变为陡然上升。20 世纪 90 年代末期，它的销售增长率达到了每年 50%~70%，赫曼米勒公司的员工们猛然意识到，攥在他们手里的是公司有史以来最好卖的椅子了。不久之后，Aeron 成为众人竞相仿制的办公椅，其影响之广达到了前所未有的程度，人人都想要制作出形似史前巨型昆虫外壳的椅子。那么，Aeron 现在的外观得分是多少呢？答案是 8 分。昔日被看成丑小鸭的椅子已经摇身一变，成了美丽的天鹅。

人们的第一印象在味道盲测中并不准确，这是由于可乐不应该是小口抿着喝的，因而，味道盲测所提供的背景环境并不适合对可口可乐进行薄片式的分析。而在 Aeron 的例子中，消费者的第一印象之所以出现集体有失偏颇的情况，却是另有原因的：这些消费者曲解了自己的感想，对第一印象的表述出现了失误。他们说不喜欢这种椅子，但实际上却是在说，这款椅子太过前卫新潮，他们还没有看习惯。然而，并不是所有难看的产品都能够有类似的命运的。很多人都知道福特汽车公司在20世纪50年代研发的Edsel车型遭市场冷遇一事。其功亏一篑的原因，正是消费者认为这款车的模样很古怪。然而两三年过去了，Edsel依然没能引起Aeron一样的风潮，也没能受到汽车生产商们一时之间的争相仿制。Edsel原本就不好看，现在仍然不好看。同样地，有的电影在刚上映时受到了观众的恶评，即使过了两三年，观众们也仍然不喜欢这些电影。烂片终究还是烂片。关键在于，在我们的厌恶之物里，埋藏着一类特殊的东西，我们之所以讨厌它们，只是因为它们有些稀奇古怪罢了。这些东西让我们紧张发怵，它们太过于与众不同了，我们不得不花上一些时间，才能够理解、消化和喜欢上这些东西。

道尔告诉我："搞产品研发这一行的人，往往会沉浸于自己的产品中，'不识庐山真面目，只缘身在此山中'。人们很少抽时间去想一想，你所约见的客户花在你产品上的时间少之又少，这些客户通过种种渠道对产品有了一些零碎的认识，但他们从未使用过这款产品，也很难想象使用这款产品的前景是什么样的，其中尤以与众不同的产品最甚。Aeron办公椅面对的就是这样的问题。人们的心中对办公椅有着特定的审美标准，他们心中的椅子带有软垫，外面包有纺织布料。Aeron当然不符合这个标准。这款椅子有着与寻常座椅截然不同的外观，每一处都在颠覆常规。也许，'难看'一词是'与众不同'的代名词吧。"

然而，市场调查的弊端在于，这种方法往往过于迟钝，无法分辨出什么是"不好的"、什么是"与众不同"的。20世纪60年代末，影视剧本作家诺曼·李尔（Norman Lear）为情景喜剧《全家福》（*All in the Family*）制作了一集电视试播版本，这一集节目与当时的电视剧大相径庭，不仅前卫创新、直言政事，而且还大胆抨击当时电视节目敬而远之的社会问题。李尔把这集节目交给了美国广播公司。为了做市场调查，美国广播公司甄选出400名观众，让他们在好莱坞的一家影院里观看试映。在观看的过程中，观众们需填写一份调查问卷，并要将刻度盘上的指示器调至“无聊透顶”、“平淡无奇”、“一般”、“不错”或“很好”作为评价。接着，他们的反馈会被转化成1~100的一个数字，作为他们的评分。一出优秀的通俗剧能得到将近70分，好的喜剧则会在75分左右，而《全家福》的得分只有40多分而已，并因而被美国广播公司拒之门外。李尔又找到了美国哥伦比亚广播公司，该公司使用了自行研发的市场调查模式“剧集分析者”对节目进行了测评，在测评过程中，观众必须在观看节目时按下红色或绿色的按钮，记录下他们观看时的感想。测试得出的结果很一般。广播公司研究部门的建议是：把剧中的阿奇·邦克改成一个轻声细语、和颜悦色的父亲形象。在播放《全家福》第一季之前，美国哥伦比亚广播公司根本没有做任何宣传。宣传有什么用呢？此剧能被搬上荧幕的原因，一是公司总裁罗伯特·伍德（Robert Wood）和节目部部长弗雷德·西尔弗曼（Fred Silverman）对其称赞有加，二是哥伦比亚电视网当时如日中天，因而有实力在这部剧上赌一把，仅此而已。

那一年，美国哥伦比亚广播公司也正在考虑另一部新出的喜剧片，此剧由玛丽·泰勒·摩尔（Mary Tyler Moore）担纲主演，这部喜剧片同样也是电视剧领域的一次新的尝试。剧中主角名叫玛丽·理查兹，是一个年轻的单身女性。与以前几乎所有电视剧中的女主人公不同的是，玛丽并不急于组建家庭，而是一门心思扑在了事业上。美国哥伦比亚广播公司试播了该剧的第一集，但参与“剧集分析者”调查的观众们对此剧恶评如潮。他们觉得玛丽是个“失败者”，她的邻居罗达·摩根斯顿太过“粗暴蛮横”，剧中另一位女主角菲莉丝·林德斯特伦（Phyllis Lindstrom）则让观众觉得“不可信任”。《玛丽·泰勒·摩尔秀》最终得以逃脱被“枪毙”的命运的唯一原因是电台在为这部戏做市场调查之前，已经为其排好了档期准备播出了。“如果这仅仅是个试播版本，那么压倒性的负面评论一定早已将其湮没了。”萨莉·比德尔·史密斯（Sally Bedell Smith）在她为西尔弗曼写就的传记《电视人生》（*Up the Tube*）里曾这样写道[4]：

> 换句话说，《全家福》和《玛丽·泰勒·摩尔秀》就是电视剧中的 Aeron 办公椅。观众们嘴上不待见这些剧集，然而，当它们迅速蹿红为电视剧界最成功的剧目时，人们才如梦初醒。原来，观众们并不讨厌这些剧目，只是一开始时感到出乎意料、不知如何接受罢了。而美国哥伦比亚广播公司市场调查团队大肆宣传、引以为傲的调查模式，却最终还是没能区别开观众们这两种截然不同的感情。

当然，我们不能将市场调查的作用一笔抹杀。如果《全家福》能更加符合普通电视剧的标准，如果 Aeron 仅仅是对以前的椅子做了一些小小的变动，那么观众们的反应就不会这么令人难以预测了。但是，对独辟蹊径的创新产品或概念的测试可就要另当别论了。最具慧眼的成功企业明白，在这种情况下，它们要对消费者的第一印象具体问题具体分析。我们依赖于市场调查，因为其能为我们提供具体而确定的数字和预测。如果有人询问我们为何做出某项决定，我们就可以以这些数字为依据。但是实际上，最重要的决定往往没有确定性可言。肯纳在市场调查中的成绩一塌糊涂，可是这又能说明什么呢？他的音乐独树一帜、前卫新颖，而这样的音乐恰恰最容易在市场调查中被抨击得遍体鳞伤。

5. 专业的禀赋

在一个阳光明媚的夏日，我与盖尔·万斯·西维尔和朱迪·赫尔曼两位女士共进午餐。她们在新泽西州经营一家名为“感知波谱”（Sensory Spectrum）的公司，两人都是以鉴赏食品为生的试味员。如果菲多利（Frito-Lay）新推出了一款墨西哥玉米片，它就必须知道自己的产品在“强手辈出”的玉米片产业界里该如何定位：这种新产品应该与公司其他品种的多力多滋玉米片有多大的区别？与鳕鱼角牌（Cape Cod）墨西哥薄饼相比该如何定位？是否该多加些盐或其他什么调味料？这时，西维尔和赫尔曼就是他们要找的人了。

要知道，和专业的美食鉴赏家同桌午餐可是一件技术活。冥思苦想之后，我选定了一家位于曼哈顿中心的饭店。饭店名叫“星期二”（Le Madri），光是店里每天的特价菜名就得让人背上5分钟。我来到饭店时，赫尔曼和西维尔已经入座，也点好菜了。两人都身着工装，都是高雅时尚的职业女性形象。西维尔凭记忆向我报了特价菜名，可见她在点菜时花了不少心思。赫尔曼的开胃菜是点缀了西芹和洋葱的烤南瓜汤，主菜点的是意大利面，小菜则是装饰有切丁南瓜、煎鼠尾草和烘烤南瓜子的培根烧蔓越莓豆以及生酸奶油。西维尔点了沙拉、爱德华王子岛贻贝配马尼拉蛤蜊海鲜饭，以一道乌贼汁小菜收尾（在“星期二”饭店，几乎每道菜都是经过精心装饰的）。我们点完菜后，服务员给赫尔曼拿来一把喝汤用的勺子，西维尔抬手示意再拿一把。她告诉服务员：“我们点的每道菜都是要一起分着吃的。”

赫尔曼告诉我：“你真应该看看我们和感知波谱公司员工一起外出吃饭的样子。我们会就着自己的面包盘将所有被端上桌的菜在每个人手里传一遍，这样你自己点的餐虽会被拿走一半，但每个人点的菜你就都能尝一点了。”

汤一端上桌，两人就埋头吃了起来。西维尔翻眼做出享受的表情：“哎呀！真是太美味了。”她把她的勺子递给我说：“你尝尝看。”赫尔曼和西维尔吃饭时都是小口小口迅速地吃，她们边吃边像老友一样你一句我一句地交谈，在各种话题之间不停跳跃。两人风趣幽默、语速飞快，但是交谈的过程完全没有妨碍她们“用膳”；相反，两人仿佛是为了增添对下一口食物的期许而谈话似的，每到吃下一口食物的时候，她们的脸上便会浮现出绝对专注的表情。赫尔曼和西维尔不仅在品尝美食，还在思考美食、想象美食。和她们共享午餐，就像是某天清晨，在去乔治·阿玛尼家做客时恰逢大师准备当天的着装之时，或是和马友友一起去买大提琴一样。西维尔对我说：“我老公说，和我住在一起就像在参加一场紧张的试吃活动一样。我们全家人都被我搞疯了，他们让我‘别再谈食物了’！你知道《当哈里遇见萨莉》（*When Harry Met Sally*）里面餐厅的那场戏吗？我看到令人垂涎欲滴的食物时就是那个样子。”

服务员端着甜点过来了：焦糖奶油、杧果口味和巧克力口味的雪葩（sorbet），以及草莓藏红花口味和香草口味的意式冰激凌。赫尔曼再三考虑是否要选焦糖奶油，但最后还是选了香草口味的意式冰激凌和杧果口味的雪葩。她说：“焦糖奶油对于每家餐厅都是个考验，因为它考察的是餐厅香草的质量。我不喜欢在焦糖奶油里掺其他的配料，因为那样就尝不出甜点本身材料的味道了。”西维尔点的浓咖啡上来了，她啜了一小口，脸上掠过一个几乎让人无法觉察的皱眉动作。她说：“咖啡不错，但不够出彩，里面少了像酒一样醇厚的口感，有一点点咖啡豆发出的木头味。”

赫尔曼把话题转到了“食品再加工”上。所谓的“再加工”，指的是一些食品生产工厂在回收生产一批食品时将残余或不合格的原料，在下一批食品中使用的行为。赫尔曼说：“只要拿些曲奇或饼干给我尝尝，我就能告诉你它的生产厂家以及这款产品是否经过再加工。”西维尔插嘴说道，就在前一天晚上，她吃了某两家知名品牌的两块曲奇饼。“我能尝出来曲奇是经过再加工的，”她边说边做了个鄙夷的表情，“我们在食品品鉴技术上花了许多年的时间了——20 年呀。这跟培训医生没什么两样。从实习生做起，做到高级专科住院实习医生，然后往下干，直到修炼到一眼就能非常客观地看出某种食物有多甜、有多苦、放了多少焦糖、酸味有多浓的程度。说到酸味，你还得能说清里面有多少柠檬、多少酸橙、多少柚子，以及多少橘子成分才行。”

换言之，赫尔曼和西维尔就是专家。那么她们会不会上“百事可乐大挑战”的当呢？当然不会。她们不会被“克里斯汀兄弟”的外包装迷惑了双眼，也不会轻易混淆自己真正厌恶的东西和与众不同的东西之间的差别。由于她们的专业知识，两人才能够较好地掌握自己潜意识密室里的活动。这也是肯纳的故事教给我们最后的也是最重要的一课，因为我们从这里可以看出，为什么过分偏重于肯纳的市场调查结果，而对业界人士、罗克西夜店的听众以及 MTV 观众对肯纳歌曲的热烈反响充耳不闻是大错特错的：专家们的第一印象与大众的第一印象不尽相同。我并不是说专家们和大众所喜欢的东西不同——虽然这也是个无可否认的事实。我的意思是说，当我们在某一方面修炼到登堂入室的程度时，我们的品位会变得越发专业、越发让外行难以理解，也就是说，只有专家才能对自己反馈的信息和看法负起责任。

我在上一章里面提到的乔纳森·斯库勒曾与我在前文中提到的蒂莫西·威尔逊合作了一项实验，这项实验可以被用作说明上述问题的绝佳例子。实验是有关草莓酱的，《消费者报道》杂志召集了一个食品专家咨询组，让他们通过对质地和味道的细心品鉴，为 44 种高中低端品牌的果酱打分。威尔逊和斯库勒选出了排名为第一、第十一、第二十四、第三十二和第四十四的果酱——分别是“诺式果园”牌、“阿尔法贝塔”牌、“羽量”牌、“极点”牌和“索雷尔山脉”牌果酱，并把这些果酱交给一组大学生品尝。问题出来了：学生们对果酱的评分会与专家的评分有多接近呢？答案是：相当接近。学生选出的第一名是“阿尔法贝塔”牌，第二名是“诺式果园”牌（将专家组的第一和第二名调转），第三名与专家选的一样，都是“羽量”牌。和专家一样，学生们也认为“极点”牌和“索雷尔山脉”牌与其他牌子的果酱相比差了许多，但专家组将“索雷尔山脉”牌排在了“极点”牌之后，而学生们则将这个顺序反转了一下。实验者们通过测量两组人员评分的关联度，得出了两组数据的相近性。从总体来看，学生组分数与专家组分数的关联度为0.55，是非常接近的。也就是说，大众对果酱的判断是很准确的，即便不是果酱方面的专家，他们也能在品尝时分出果酱的优劣。

但是，如果我给实验对象每人一张调查问卷，让他们在上面一一列举偏爱某种果酱的原因，结果又会如何呢？答案是：他们的排序会乱得一塌糊涂。威尔逊和斯库勒召集了另外一组学生，让他们在为果酱排序的同时写下原因和解释，这组学生将“诺式果园”牌——专家组公认最好的果酱——排到了倒数第二位，而把“索雷尔山脉”牌果酱——专家组认为最差的果酱——排到了第三名。在这次实验中，学生和专家组评分的关联度降至0.11，这意味着，学生组的评判结果与专家组的结果大相径庭。这让我想起了我在范里佩尔的故事中提到的斯库勒的实验，那个实验向我们表明：自我分析会妨碍和摧毁人们的洞察能力。通过要求实验对象对果酱进行理性的剖析，威尔逊和斯库勒把他们变成了“果酱白痴”。[5]

在之前的讨论中，我列举了一些削弱我们解决问题能力的因素。而在上述果酱的例子里，我所讨论的是一种更为重要的能力的缺失，即我们对自己思想的理解能力。除此之外，为什么自我分析会混淆我们的思想呢？从上述事例中，我们得到了一个更为清晰的解释：原来，我们不会解释自己对于果酱的感受。我们的潜意识知道“诺式果园”牌果酱很不错，但突然之间，我们要被迫去解释喜欢某种果酱的原因，而且要在解释过程中使用一堆令人不知所云的术语。举例来说，“口感”是什么意思呢？我们可能从未考虑过果酱的口感，也肯定不懂口感到底指的是什么，或许，我们根本不在乎什么口感。而现在，“口感”这一概念被灌输进我们的大脑中，我们经过分析后认定：嗯，这种口感的确有一点奇怪，可能我并不喜欢这种果酱吧。正如威尔逊所说的，我们会先编出一个听起来言之有理的说辞，来解释喜欢或讨厌某种东西的原因，再调整我们真正的偏好，使之与这个原因相符。

在解释对果酱的看法时，果酱专家们却不会受到相同问题的困扰。专业的美食鉴赏家们都学习过一套专门的词汇，用来准确地描述他们对某种食物的看法。比如，在品鉴蛋黄酱时，他们会从 6 个方面（“颜色”“色彩强度”“色度”“光泽度”“结块度”“起泡度”）评价蛋黄酱的外观，从 10 个方面（“与嘴唇的黏合度”“结实度”“紧密度”等）来描述蛋黄酱的口感，并从共分为 3 组的 14 个层面来描述蛋黄酱的味道：香味（鸡蛋味、芥末味等）、基本口味（咸、酸、甜），以及化学口感因素（灼烧感、刺激性、微苦感）。美食家们需要根据以上所有因素对食物进行评分，每个因素各占 15 分。如果我们要描述某种食物入口的质感，那么我们要分析的因素之一就是爽滑感，爽滑感一项的总分为 15 分，0 分表示“一点也不爽滑”，15 分表示“非常爽滑”。以此为评判标准，“格博牛肉和牛肉肉汁”牌婴儿食品为 2 分，“惠特尼”牌香草味酸奶为 7.5 分，卡夫奇妙酱为 13 分。如果你吃的食物没有卡夫奇妙酱滑口，却比“惠特尼”牌香草味酸奶爽滑，那么你可能会给这种食物打 10 分。再拿松脆感来说，“桂格”牌的大块低脂巧克力格兰诺拉麦片咀嚼棒为 2 分，“奇宝”牌饼干为 5 分，“家乐士”牌玉米片为 14 分。人们可以照此标准对超市中所有的食品进行评分。经过多年的使用，这些评分标准会在试味员的潜意识里扎根。“我们刚刚做过奥利奥的测试，”赫尔曼说道，“我们按照‘外形’、‘味道’和‘质地’把奥利奥细分为 90 个方面。”她停顿了一下，我知道她正在脑海中再现奥利奥的口感。“结果我们发现，可能共有 11 个方面还有待改进。”

我们的潜意识被紧锁于密室中，我们无法窥探其究竟。但是熟能生巧，通过锻炼，我们是能够做到自如地解读和破译瞬间决断与快速认知背后的玄机的。这很像心理分析学中常常出现的例子：人们在治疗师的帮助下，花费数年来分析自己的潜意识活动。突然有一天，这些人却无意间发现，自己也摸出了一点其中的门道。赫尔曼和西维尔也是如此，只是她们进行心理分析的对象并不是自己的思想，而是她们对于蛋黄酱和奥利奥饼干的看法。

无论是在正式还是在非正式的场合下，各行各业的专家都是如此。戈特曼不满于仅凭直觉判断夫妻两人的关系，于是便拍摄下数千盘记录夫妻关系的录像带，逐秒将录像分解，并将数据输入电脑。而现在，他已达到可以对饭店里邻座的一对夫妻自如地进行薄片分析的境界了。前文中的网球教练维克·布雷登彷徨过，因为他虽然能够预测双发失误的出现，却说不清自己是如何预料到的。而现在，生物学方面的专家们为他解开了谜题。他们拍下专业网球运动员发球的录像，运用数字信息进行分析，发现了布雷登的潜意识从运动员发球动作中挑出的破绽。同样，托马斯·霍温是何以只凭两秒的观察就确定盖蒂博物馆的那尊少年立像是赝品的呢？这是因为，在霍温的一生中，他已经邂逅了无数的古代雕像，学会了如何理解和解读大脑中闪过的第一印象。他说："在就职于纽约大都会艺术博物馆的第二年，我有幸接待了一名欧洲博物馆的馆长，他几乎陪我鉴赏了馆内所有的文物。我们每晚都要把文物从保护套里搬出来，放在桌上细细观察。我们埋头于储藏室里，那里面有上千件文物呢。我们每晚都要在那里待到 10 点。我们可不是随便看看，而是尽可能细致无遗地观察细节啊。"在那些埋首于储藏室的夜里，霍温实际上是在自己的潜意识中建立了一个数据库，他在学习将自己对某件文物的看法与权威观点对此文物的风格、背景和价值的看法联系在一起。每当面对我们所熟稔的事物——我们所留心的事物时，经验和热情会彻底改变我们对其产生的第一印象。

但这并不是说，在对待不擅长或不热衷的事物时，我们的看法无一例外都是错误的，只能说这时我们的看法都是流于表面、难以阐释、易受干扰的。因为这些看法并不是基于对事物的深刻理解而得来的。如果让你精准地描述出百事可乐与可口可乐之间的差别，你觉得你能够做到吗？这项任务的难度是超乎想象的。在比较同类产品时，西维尔和赫尔曼等试味员运用的，是被称为"口味差异度"的测量标准。此标准的打分范围是 0~10 分，10 分表示两种商品截然不同，1 分或 2 分则可能被用来表示同一产品不同批次之间的区别。比如，"威士"牌和"乐事"牌盐醋口味薯片之间的口味差异度为 8 分。（赫尔曼是这么说的：“这两种薯片几乎没什么相似之处，“威士”牌薯片的口味较为厚重，而“乐事”牌薯片却清一色都是清淡口味。”）与之相比，两种口味差异度为 5 分或 6 分的产品就要相似得多，但人们还是可以将之区分开的。然而，百事可乐与可口可乐之间的口味差异度只有 4 分，可口可乐放久后，气泡会减少，香草味会越发凸显，并附带一点梅子味，这时，两种可乐在口味上的差别还会更小。[6]

这也就是说，在被问及对百事可乐和可口可乐的看法时，绝大多数人给出的答案都不会有太大的参考价值。我们能够说出自己是否喜欢这两种饮料，还可以对饮料的气泡、味道或酸甜度做出一些笼统而模糊的评价。但是，当两种饮料之间的口味差异度只有 4 分时，恐怕只有专门研究可乐饮品的人才能够尝出两者之间的细微差别了吧。

读到这里，我猜有一些读者——特别是那些可乐饮料的铁杆支持者——已经按捺不住怒火了吧。我的话是不是有一点小瞧人了？你觉得你真的能够玩转百事可乐和可口可乐吗？好，即便百事可乐和可口可乐的口味差异度只有 4 分左右，但我们退一步来讲，就算你能够准确地区别二者，好不好？要不这样吧，我建议你自测一下，让朋友先倒一杯百事可乐，再倒一杯可口可乐，然后看看你是否能喝出不同来。我们姑且算你成功了，先祝贺你。现在，我们再来试验一次，这次我们把测试的形式稍做变动。让你的朋友给你 3 只杯子，在两只杯子里均倒上百事可乐和可口可乐中的一种，在第三只杯子里倒上另一种可乐。在饮料业里，这种测试叫作“三角测试”。这一次，我不让你区分百事可乐和可口可乐了，你只需告诉我 3 杯中的哪一杯与其余两杯不同就行了。这听上去可能有点玄乎，但是这项任务的难度超乎你的想象。如果参与实验的有1 000人，那么只有1/3多一点的人能够回答正确。这比碰运气的结果好不到哪里去，我们还不如直接猜呢。

第一次听说三角测试时，我决定让我的一些朋友小试身手，结果全军覆没。这些可都是受过良好教育的才子呀，他们中的绝大多数还是可乐饮品的常客呢。我的朋友们简直无法相信实验的结果，气得上蹿下跳，直怨我要了他们一把。他们断言一定是当地的百事可乐和可口可乐装瓶厂家出了什么问题，还说我暗中对3杯饮料的顺序动了手脚，混淆了他们的判断。然而，没有一个人肯面对事实，没人愿意承认自己对可乐饮品的认识太过浅薄。面对两杯可乐饮品时，我们只需要比较对两杯饮料的第一印象就万事大吉了。但面对3杯饮品的时候，我们就不得不描述并牢记第一杯和第二杯的味道，然后用某种方式迅速将转瞬即逝的感官知觉转化为一种长久的记忆。要做到这一点，我们就必须对形容味道的专有词汇有一定的认识和理解。西维尔和赫尔曼都能以优异的准确率通过三角测试的考验，因为两人掌握的知识让她们的第一印象韧性十足、变通自如。我的朋友们就没这么好的运气了，他们或许的确喝过很多种可乐饮品，但却从未真正思考过其中的奥妙。他们不是可乐专家，因此，如果勉强他们扮演专家的角色，就是对他们强加苛刻的要求，而他们所给出的看法也就没有什么参考价值了。

这与肯纳遇到的情况简直如出一辙。

6. 唱片公司的做法真差劲

经过几年的事业沉浮之后，肯纳终于与哥伦比亚唱片公司签约，发行了一张名为《全新圣牛》（*New Sacred Cow*）的专辑。接下来，他展开了首次巡演，辗转美国西部和中西部共 14 座城市。这个起点并不算高，因为他只是为另一支乐队担任开场表演嘉宾，每场只唱 35 分钟，许多观众甚至没有留意到歌单上有他的名字。但只要他一上场演唱，观众们就会变得热血沸腾。肯纳还为专辑里的一首歌拍摄了音乐录影带，获得了 VH-1 音乐电视频道的一个奖项提名。大学的音乐电台开始播放《全新圣牛》，该专辑也登上了大学的歌曲排行榜，肯纳甚至还在电视台的脱口秀节目里露了几次脸。然而，真正的大奖还是与他失之交臂，他的专辑并没能热卖，因为他的主打单曲没能在 Top 40 电台中播出。

还是那个老生常谈的原因。乐界的盖尔·万斯·西维尔和朱迪·赫尔曼对肯纳赞誉有加：克雷格·卡尔曼在听过他的歌曲小样后便打通电话说“我现在就要见他”；弗雷德·德斯特通过电话听了肯纳的一首歌，便认定这首歌是神曲；保罗·麦吉尼斯甚至让肯纳飞到爱尔兰和他会面。这些懂得如何构建第一印象、会用专业词汇描述自己的看法，并身经百战、理解自己第一印象的人看好肯纳。在理想的世界里，这些人的看法应该比市场调查得出的疑点重重的结果更具决定性。然而，广播界却并没有食品界那么成熟，也没有赫曼米勒的家具制造者那么高瞻远瞩，他们所依赖的，是一个并不具备准确评估能力的运作系统。

肯纳说："依我看，唱片公司估计是找到了一些焦点小组，焦点小组的人说，'不行，这首歌不会大卖'。唱片公司的人是不会把资金投给测试结果不佳的歌曲的，但音乐之道本不该如此。音乐是需要信念的，现今的音乐界已经不再看重信念了。这可真是令人沮丧，却又让人束手无策。这让我夜不能寐，脑子一个劲儿地胡思乱想。但话又说回来，我还是有表演的机会的，而且来自年轻人的反响真的很热烈、很感人，给我注入了再接再厉、继续战斗的动力。我的年轻歌迷们会在表演结束后找到我说，'唱片公司的做法真差劲。但是你还有我们呢，我们会帮你宣传造势的'。"

6

误读他人心思的事情时有发生，这些是造成无数政治分歧和误解伤害的罪魁祸首。然而，由于这些洞悉他人心思的失误是如此短暂和难以捉摸，我们并不知道该对这些错误做何理解。

布朗克斯区的七秒：心智解读的精妙艺术

布朗克斯区南部桑德维尔小区惠勒大街的1100号街区由一条狭窄的小道以及一组简朴的两层住房和公寓楼组成。街区的一边毗邻喧闹嘈杂的韦斯特切斯特大街，这条街是小区的主要商业街。整个街区长约200码，楼房的两侧被树木和两排停驻的汽车包围着。这里的建筑于20世纪初建成，建筑正面多由红砖砌成，颇显美观；房子正门外则多是带有四五级台阶的门廊。这是一个属于穷人和工人阶层的居住区，20世纪90年代末期，这一地区的毒品交易活动十分猖獗，韦斯特切斯特大街和艾尔得大街对面的一条街道情况更甚。来到桑德维尔的人多是身在纽约市的外来移民，他们为寻找廉价且毗邻地铁的住宅而来到此地。阿马杜·迪亚洛（Amadou Diallo）就是为此来到惠勒大街的。

迪亚洛是来自几内亚的移民。1999年，他22岁，是曼哈顿下城区的一名小贩，沿着十四号街的人行道一带贩卖录像带、袜子和手套。他身高约5英尺6英寸，体重150磅，身材矮小，并不起眼。他的家就在惠勒大街1157号一栋窄小公寓楼的二层。1999年2月3日临近午夜时分，迪亚洛回到公寓。他先与室友闲谈了几句，然后下楼站在公寓楼门口台阶的最上层观赏夜景。几分钟后，一队便衣警察驾驶一辆无牌照的福特金牛座汽车缓缓驶入惠勒大街。车里共有4名警察，清一色都是白种人，他们都身穿牛仔裤、长袖运动衫和防弹背心，头戴棒球帽，并人手一支专为警员配发的9毫米口径半自动手枪。他们都是所谓“街道犯罪组”的成员。这个小组是纽约警察局的一个特殊部门，专门负责在市区最穷困街区的犯罪活动多发地带巡逻。开车的警察名叫肯·博斯（Ken Boss），时年27岁，坐在副驾驶位置上的肖恩·卡罗尔（Sean Carroll）当时35岁，后座的爱德华·麦克迈伦（Edward McMellon）和理查德·墨菲（Richard Murphy）当时都是26岁。

第一个发现迪亚洛的是卡罗尔。“等一下，等一下。”他对车里的其他人示意，“那个家伙在那里干吗呢？”事后，卡罗尔回忆，当时他的脑海中有两个想法。第一个想法是：迪亚洛可能正在为他的同伙——装作客人混入他人住所里的入室窃贼——把门望风。另一个想法是：迪亚洛看上去很像一个一年前在小区内频繁作案的连环强奸犯。卡罗尔回忆说：“他就站在那里，在门廊那里，观察着整个街区，一会儿探头探脑，一会儿又把头靠回墙上。几秒的时间内，他一直在重复同样的动作，一会儿低头，一会儿往右边望去。我们向他接近时，他好像往门廊里退了几步，仿佛不想让我们看到他似的。我们的车从他面前开了过去，我盯着他，心里琢磨着到底出了什么事。这个人究竟在干吗呢？”

博斯踩下刹车，把福特车倒回到正对着惠勒大街1157号的位置。

迪亚洛还站在那里。卡罗尔事后表示，这让他“大吃了一惊”：“我心想，好吧，这里肯定有情况。”卡罗尔和麦克迈伦下了车，麦克迈伦亮出警徽，说：“我们是警察。能和你谈谈吗？”迪亚洛没有回应。人们事后才得知，迪亚洛其实是个结巴，所以当时他也许正挣扎着想说些什么，却力不从心；而且，他的英语并不流利；此外，有传言说，迪亚洛的一个朋友在前不久刚被一帮持枪的人打劫过，因此他当时一定很胆怯。想想看：午夜时分，只身一人站在一个治安条件极差的街区，面对两名朝他阔步接近、头戴棒球帽、胸脯因穿防弹背心而显得鼓鼓囊囊的魁梧男人，他会做何感想。迪亚洛愣了一下，接着便跑进了门廊。卡罗尔和麦克迈伦拔腿紧追，迪亚洛跑到里门。警察事后指证，当时迪亚洛左手握住门把手，侧转身体，右手则在口袋里摸索着什么。卡罗尔大喝：“把手举起来！”麦克迈伦也大喊：“把手从口袋里拿出来，别逼我开枪打死你！”但是迪亚洛却越发乱了阵脚，卡罗尔也开始有些烦躁不安了，因为他觉得迪亚洛侧身的原因是为了隐藏他右手正在做的动作。

卡罗尔回忆说：“我们当时好像站在门廊楼梯的最高一层台阶上，想抢在迪亚洛进门之前抓住他。他扭过脸来看着我们，手仍然握在门把上，并从身体右侧掏出来一个黑色的物体。他把物体拽出来时，我只能瞄见物体的顶部，看上去像是一把黑色手枪的滑套。我之前的训练经验以及抓捕经历都告诉我，这个人正在掏枪。”

卡罗尔大叫：“枪！他有枪！”

而迪亚洛并没有停下来，他继续把黑色物体从口袋里掏出来，并朝警察的方向将黑色物体举起。卡罗尔开了枪。麦克迈伦本能地向后跳下台阶，用背部着地，在下落的过程中还在开火。由于子弹在门廊里四处反弹，卡罗尔推断这些子弹是从迪亚洛的枪中射出的，而麦克迈伦向后跳倒的情景，让卡罗尔错以为麦克迈伦是被迪亚洛的子弹击中了。于是，卡罗尔继续瞄准警察们所称的“质心”（center mass）开火。水泥块和木头碎片四处飞溅，空气里也因枪口和子弹发出的火星而弥漫着电流。

这个时候，博斯和墨菲也从车里下来，朝着公寓楼跑来了。事后，4名警察由于一级过失杀人罪和二级谋杀罪被指控，博斯在做证时回忆当时的情景：“我看到爱德华·麦克迈伦从门廊左侧的台阶上飞身向下倒去。与此同时，肖恩·卡罗尔位于门廊的右手边，正在下台阶。场面一片混乱，他沿着台阶往下跑，那情景很……很惊心动魄。他不顾一切地顺着台阶向下退，爱德华倒在地上，子弹还在到处飞。我跑啊跑啊，然后看到爱德华中弹了。我只看到了这么多。爱德华一直在开枪，肖恩也在朝着门廊开枪……然后我看到了迪亚洛先生，他在门廊的里侧，靠近最里面的墙壁，里门就在那里。他在离门有一点距离的地方蹲着，手露在外面，我看到了一把枪。我说，‘老天呀，我死定了’。然后我开了枪，一边开枪一边后退，然后我向左侧一跃，避开子弹的发射线……迪亚洛屈着双膝，背部挺得直直的，像是在试着缩小目标的样子。他看上去仿佛正处于战斗姿态，就是我在警察学校里学过的姿势。”

这时，对博斯进行审问的法官打断了他，说：“他的手是什么样子的？”

“他的手露在外面。”

"全露在外面了？"

"全露在外面了。"

"你看到他手里面握着个东西，对吗？"

"是的，我觉得我看到他手里有一把枪……我看到了他手中武器的全貌，那把家伙是方形的。在我看来，子弹飞射、枪烟迷漫以及爱德华·麦克迈伦向下倒去的瞬间，就像是迪亚洛手握枪支击中了爱德华，而我就是他的下一个目标。"

卡罗尔和麦克迈伦各开了 16 枪——整整一子弹夹的子弹量。博斯开了 5 枪，墨菲开了 4 枪。四周安静了下来，警察们拿着枪爬上台阶，向迪亚洛靠近。"我看到了他的右手。"博斯事后回忆说，"手呈伸出状，手掌是张开的。在应该看到枪的地方，我们却看到了一只钱包……我说：'该死，枪呢？'"

博斯奔向韦斯特切斯特大街，他已经在啸叫和枪战中忘记了他们所处的位置。不久，救护车赶到现场，而博斯已经因为情绪失控而说不出话来了。

卡罗尔坐在台阶上，在迪亚洛满是弹孔的尸体旁失声痛哭。

1. 三个致命错误

快速认知最为常见和重要的形式，可能非我们对他人进行的判断和形成的印象莫属了。只要是在醒着且身边有人的情况下，我们总是会不断对别人的想法和感受产生种种预见和推断。当有人说"我爱你"时，我们会盯着对方的眼睛来判断此人是真心还是假意。初遇某人时，我们会对细微的信号留心观察。这样一来，即使此人对我们谈话的方式是正常或友善的，我们或许也会在事后嘟囔：“我觉得他不怎么喜欢我”，或是“我觉得她不是很开心”。我们喜欢对面部表情难以捉摸的细微差别进行分解和剖析。如果你看到我咧着嘴大笑且眼睛闪闪发亮，你就会认为我觉得什么东西很逗。但如果你看到我边点头边绷紧嘴角露出夸张的笑容的话，你就会认为我被奚落了，正在用讽刺的方式回应。如果我在与某人眼神交会后朝对方微微一笑，然后向下看并移开目光，你会觉得我正在调情。如果我在说完话后迅速地一笑，然后点点头或歪歪头，那么你可能会推断，我刚才说了些有点刺耳的话，想要缓和一下气氛。你并不需要在听到我说的全部内容后才下结论，你只要进行瞬间决断，一切便如探囊取物了。如果你靠近一个坐在地上玩耍的小女孩，然后做出一些让她有点费解的行为——比如用手捧住她的手，那么她会立即抬头看着你的眼睛。为什么呢？因为她需要为你的行为找一个解释，而小女孩知道，她能从你的脸上找到答案。这种推断他人意图的行为，是薄片分析法的一个典型例子。我们为了读懂他人的心思而捕捉细微且短暂的提示信号，如此本能、自然，让我们不费吹灰之力就能轻松上手的直觉行为，恐怕仅此一种了吧。然而，在 1999 年 2 月 4 日凌晨的几个小时中，那 4 名沿着惠勒大街夜巡的警察却在如此基础性的任务上出现了失误，因为他们没能读懂迪亚洛的心思。

先看到迪亚洛的是肖恩·卡罗尔，他问车里的同伴：“那个家伙在那里干吗呢？”原来，迪亚洛只是想透透气。可当时的卡罗尔却认定了此人看上去很可疑，这是第一处错误。接着，警察将车倒了回去，迪亚洛还是站在原地没挪位置。卡罗尔事后说，这个举动让他“大吃了一惊”：这个人可真够恬不知耻的，看到警察居然还不逃跑。迪亚洛并非恬不知耻，他只是感到好奇罢了。这是第二处错误。接下来，卡罗尔和麦克迈伦朝台阶上的迪亚洛走去，看到他稍微一侧身，做了个掏口袋的动作。在那一瞬间，两人在心中认定：这是个危险人物。但迪亚洛并不危险，相反还被警察吓得惊恐失措。这是第三处错误。在通常情况下，在短时间内分辨出一个人是否形迹可疑，是厚颜无耻还是好奇心切并非难事，判断一个人是危险分子还是胆怯之人更是易如反掌，每个在城市街道走过夜路的人都时常需要在瞬间做出这种计算分析。然而不知为什么，这些警察却在那一夜遗失了这种人类最为基本的能力，这又是为何呢？

其实，这种错误并不少见。误读他人心思的事情时有发生，这些是造成无数政治分歧和误解伤害的罪魁祸首。然而，由于这些洞悉他人心思的失误是如此短暂和难以捉摸，我们并不知道该对这些错误做何理解。举例来说，在枪击迪亚洛一案过后的数周到数月时间里，随着事件陆续被媒体曝光，人们对事件经过的说法在两种极端的声音之间摇摆不定。有人说这只是一场不幸的灾难，是由于警察们时而需要在不确定条件下做出生死抉择而产生的副产品，是不可避免的。这是审理迪亚洛一案的陪审团做出的结论，博斯、卡罗尔、麦克迈伦和墨菲 4 人全被免除了谋杀罪名。而另一种声音则将这一事件视为一桩再明显不过的种族歧视案件，纽约市的抗议和游行活动因而此起彼伏，迪亚洛被奉为烈士，惠勒大街也易名为阿马杜·迪亚洛大街。布鲁斯·斯普林斯汀（Bruce Springsteen）为纪念迪亚洛创作并演唱了一首名叫《41 枪》（“41 Shots”）的歌曲。他在副歌部分写道：“只因身在美国，你就遭受了死亡的劫难。”

然而，以上这两种解释都不尽如人意。并没有证据表明，迪亚洛案中的 4 名警察都是恶棍、种族歧视者，或是在故意找碴儿。把枪击事件简单称为一场意外也委实欠妥，因为这毕竟称不上警察例行的惩戒行为。自从将一个站在自家门口透气的男子视为犯罪嫌疑人的那一刻起，这些警察做出了一连串错误的判断，犯下了不容小觑的失误。

换句话说，迪亚洛被击一案落入了灰色地带，在“故意杀人”和“意外事件”之间徘徊。心智解读的失误有时就是这样，这些失误并不总像其他的快速认知失误那样显而易见，而是既复杂难懂又不易察觉的，并且发生频率高得出人意料。在惠勒大街上演的这场悲剧便是一个强有力的例证，它告诉我们心智解读运作的方式，也向我们展示了心智解读失误可能会导致的难以挽回的后果。

2. 心智解读理论

人们对心智解读的了解，大多源于一对有师生关系的优秀科学家：西尔万·汤姆金斯（Silvan Tomkins）和保罗·埃克曼（Paul Ekman）。[1] 老师汤姆金斯生于 20 世纪初的费城，其父是一名来自俄罗斯的牙医。汤姆金斯身材矮小，大腹便便，有一头厚密的白发，戴着一副大大的黑色塑料框眼镜。他在普林斯顿大学和罗格斯大学教授心理学，著有名为《情感、意象、意识》（*Affect, Imagery, Consciousness*）的四册丛书。该著作十分晦涩难懂，其读者大致分为两类：理解书中内容且为之称奇的人，以及不理解内容却也为之称奇的人。汤姆金斯的能言善辩是出了名的。每当鸡尾酒派对末了时，他的身边总会坐满了屏气凝神的听众。如果有人要求“再问一个问题”，那么所有人都会再待上个把小时，听汤姆金斯口若悬河地谈论漫画书、电视剧、情感里的生物学知识、他对康德的不满，以及他对当前风靡的饮食法的狂热兴趣。他可以将五花八门的话题融会贯通，讲得娓娓动听。

在经济大萧条时期，正在哈佛大学攻读博士学位的汤姆金斯为一家赛马联合会担任赛马成绩预测员。他的斐然业绩让他在曼哈顿的上东区过上了奢侈的生活。在赛马场上被人称为“教授”的他，常坐在场边的观众席里，举着双筒望远镜花几个小时观察赛马比赛。埃克曼回忆说：“他会观察位于某匹马两边的马的品种以及这些马之间的关系，以此来推测中间那匹马的表现。”假如一匹公马在其第一或第二年的比赛过程中败给过一匹母马，那么，如果这匹公马在走向大门时身边有一匹母马的话，这匹公马就必输无疑了。（这只是个例子，没有人有十足的把握。）

汤姆金斯认为，我们能从人类的面部表情中获取有效的线索，从而得以分析其内心的情感和动机，甚至对马也是如此。据说，汤姆金斯可以步入一家邮局，走到张贴通缉犯照片的地方，只看一看犯罪嫌疑人的面部照片，便能说出这些亡命徒犯下的罪行各是什么。他的儿子马克回忆道：“爸爸在看《请说真话》（*To Tell the Truth*）节目时，总能百无一漏地辨认出说谎的人。他居然还给节目组的制片人写过一封信，说节目太小儿科了，于是制片人邀请他去纽约，让他在后台一试身手。”于哈佛大学任心理学教授的弗吉尼娅·迪莫斯回忆起1988

年美国民主党全国大会期间她与汤姆金斯长谈的情景："我们坐在电视机前用电话交谈，到了诸如杰西·杰克逊（Jesse Jackson）和迈克尔·杜卡基斯（Michael Dukakis）会谈开始的时候，他会把电视的音量调小，然后通过观察发言者的面部表情准确地推测出事态的发展。这真是太神奇了。"

保罗·埃克曼初遇汤姆金斯是在20世纪的60年代初，埃克曼当时还是个刚从研究生院毕业的年轻心理学家，对研究面部表情颇为热衷。他常常琢磨，人类的表情是否受到某些共通的规律支配呢？西尔万·汤姆金斯认为这样的一套规律是存在的，但绝大多数的心理学家都对此持否定态度。当时的普遍观点认为，表情是由文化背景决定的。也就是说，我们不过是遵循着一套后天习得的社会惯例来做面部表情。埃克曼无法在两种观点间定夺。为了帮助自己找出方向，他携带着男性和女性的各式表情的照片，远赴日本、巴西和阿根廷，足迹甚至遍及东亚丛林中偏僻的部落。他惊奇地发现，所到之处的居民对照片上表情的理解都是一致的。他终于意识到，汤姆金斯是正确的。

不久之后，汤姆金斯来到埃克曼位于旧金山的实验室做访问。埃克曼搜集了由病毒学家卡尔顿·盖杜谢克（Carleton Gajdusek）拍摄的长约10万英尺的胶片，这些胶片摄制于巴布亚新几内亚的一处偏僻的丛林中。其中一些影像拍摄的是一个名叫"南部弗"（South Fore）的和平友善的部落；另一部分则关于一个名叫"库库库库"（the Kukukuku）的凶残部落，此部落有一种习俗，要求未成年的男子作为男妓来侍奉部落里的男性长者。埃克曼和他的同事华莱士·弗里森（Wallace Friesen）花了6个月的时间整理这些影像，删掉了无关紧要的部分，只留下部落成员的面部特写，以便比较这两组人的面部表情。

埃克曼把投影仪架好，汤姆金斯则坐在后面等着。没有人向他透露有关这两个部落的任何事情，所有的背景信息都被删掉了。透过眼镜片，汤姆金斯聚精会神地观看着影片，末了，他朝放映屏幕走去，指着南部弗部落成员的脸说："这些人都很温和善良，他们心胸宽广，并且爱好和平。"然后他又用手指着"库库库库"部落成员的面孔说："这一群人崇尚暴力，另外，还可以从很多地方看出来他们是同性恋。"30多年后，埃克曼仍然难抑当时的震惊，他回忆说："老天啊！我还清晰地记得自己当时脱口而出——'西尔万，你到底是怎么做到的啊？'他向放映屏走近了一些，我们将录像以慢速倒放。其间，他向我们指出了片中人物面部的特殊凸起或皱褶，他就是通过这些信号做出判断的。我当时意识到，'我得对面部表情做一个透彻的分析'。这是被人遗漏的信息金矿，而汤姆金斯做到了慧眼识珠，如果他能做到，那说不定我们都行。"

埃克曼和弗里森当即下定决心，要创建一个面部表情的分类系统。两人查遍了有关面部肌肉的医学类教材，找出了面部能够做出的所有肌肉活动——共有43种，埃克曼和弗里森称之为表情动作单元。接下来，两个人面对面坐在一起，夜以继日地按顺序练习每一组表情动作。他们首先用心记下每块肌肉的位置，然后一边仔细观察对方，一边集中注意力将这些肌肉一一区分开来。他们使用镜子来端详自己的面部活动，将每种肌肉活动会导致何种皱纹的产生都记在了笔记本上，并用录像机拍摄下来。偶尔做不出某种肌肉活动的时候，他们便会造访隔壁的加州大学旧金山分校的解剖系。在那里，两人都认识的一名外科医生会用针刺和电流的方式来刺激他们“桀骜不驯”的肌肉。埃克曼回忆道：“那可真是一点也不好受。”

掌握了全套的表情动作单元后，埃克曼和弗里森便开始对不同的表情动作单元进行混合搭配，把一个个表情动作单元叠加在一起。整个过程耗时 7 年。“两块肌肉之间就有 300 种组合方式，”埃克曼解释道，“3 块肌肉则会产生超过 4 000 种搭配。我们最多组合了 5 块肌肉的活动，这个组合产生的可用眼部识别的面部表情有 1 万种。”当然，这 1 万种面部表情中的绝大多数都没有什么实际意义，属于幼儿做的鬼脸一类。但是，在通习了所有的表情动作单元组合后，埃克曼和弗里森从中挑选出了 3 000 种看似有实际意义的表情，并且逐项对其进行编目，制成了一份人类基本面部表情目录表。

步入老年的保罗·埃克曼，胡子刮得很干净，双眼间距较远，双眉粗而醒目。他虽是中等身材，但言谈举止中透出的倔强和魁梧之气却让他看上去很壮实。他在新泽西州的纽瓦克长大，父亲是一名儿科医师。15 岁时，他便进入了芝加哥大学学习。他说话时不紧不慢，在大笑之前总要稍微停顿一下，好像在等待别人的准许似的。他是那种喜欢罗列清单和逐一举出论点的人，他的学术论文里充斥着逻辑性。他还喜欢在论文的结尾处将所有零散的异议与问题全部整理在一处，汇总成目录。从 20 世纪 60 年代中期起，他一直在其任教的加利福尼亚大学旧金山分校的一座破旧不堪的维多利亚式住宅楼中工作。初见埃克曼时，他坐在办公室里，向我展示他多年前习得的表情动作单元组合。他上身向前微倾，双手置于膝上。在他身后的墙上，挂着他的两位偶像——汤姆金斯和查尔斯·达尔文——的照片。“人人都能做出4号动作单元。”他说着，用眉间降肌、降眉肌和皱眉肌将眉头往下降。“9号动作单元也几乎是人人都能做到的。”他使用提上唇鼻翼肌皱了皱鼻子。“人人都会做5号动作单元。”他将上睑提肌收缩，抬起一只眼睛的上眼皮。

我努力地学着他的动作，他抬眼看看我，大方地称赞道：“你的5号动作做得挺好。眼窝越深的人，做起5号动作单元就越难。”他眯起眼睛，说：“这是7号。”他又运用他的颧大肌露出了一丝笑容，说：“这是12号。”接着，他挑起双眉的眉头说：“这是1号动作单元，表示沮丧和恼怒。”然后，他又使用侧部额肌将双眉眉尾也抬了起来：“这是2号动作单元，也很难做，但是没什么意义，只在歌舞伎剧目中出现过。23号是我的最爱，就是将嘴唇弄扁，这是个确凿无疑的表示愤怒的信号，在其他情绪下人们很难自动做出这个表情来。”他扁了扁嘴唇。“一次只动一只耳朵仍然是最大的挑战，我得专心凝神、拼了老命才能做到。”他笑着说：“我女儿一直想让我学会这个动作，好让我在她朋友那里露一手。你看。”他说着，先动了动左耳，又动了动右耳。埃克曼的表情并不特别丰富，言谈举止很有心理分析师的派头，他既善于观察又不动声色，变换表情之轻易和快速令人叹为观止。“我有个做不出来的动作单元，”他继续说道，“就是39号。幸亏我带的一个博士后会做。38号是张开鼻孔，39号正相反，是牵拉肌肉收紧鼻孔的动作。”他摇摇头，又看了我一眼：“哎呀！你的39号做得真好，是我见过的最棒的表情之一了！这是基因决定的，你们家应该还有其他成员具有这种迄今为止未被发掘的才能。你真行，真行呀！”他又笑了起来，说：“你应该拿这个本领去跟别人炫耀炫耀。对了，你应该去单身酒吧里显摆一下。”

接着，埃克曼把两种动作单元叠加在了一起，以构成更加复杂的面部表情，也就是我们普遍能够理解和辨认的感情的表达方式。比如，快乐的表情基本上是由6号和12号动作单元构成的，即收缩抬起双颊的肌肉（眶部眼轮匝肌），同时收缩颧大肌，牵拉起嘴角。恐惧的表情基本是由1号、2号和4号动作单元组成的，确切地说，是由1号、2号、4号、5号和20号动作单元组成的，25号、26号和27号动作单元可有可无，也就是：抬起眉心的肌肉（内侧部额肌），抬起眉尾的肌肉（侧部额肌），外加降低额头的降眉肌，加上上睑提肌（此肌肉可以抬升上眼皮），加上笑肌（此肌肉可拉伸唇部），再加上降下唇肌（分开双唇的肌肉），以及咬肌（此肌肉可使下颌张开）。憎恶的表情呢？这种感情主要是9号动作单元构成的，也就是皱鼻子（提上唇鼻翼肌）这一动作，但有时也会带有10号动作单元的动作。无论有没有10号，这种表情都可以加入15号、16号或17号动作单元。

最后，埃克曼和弗里森将这些动作单元及其解读法则全部汇总，编制成了脸部动作编码系统，并整理出一份长约500页的文件。虽然很多人可能难以想象，但这是一项充满魅力的工作，在细节上有严格的要求。其中包括嘴唇能够做出的动作（伸长、缩短、变窄、加宽、变平、噘起、绷紧以及舒展）；眼睛与面颊之间皮肤的四种变形（凸起、眼袋、睑囊以及眼部细纹）；眶下沟和鼻唇沟之间的重要区别；等等。我在本书第一章提到的婚姻研究专家约翰·戈特曼也与埃克曼进行过长达数年的合作，利用脸部动作编码系统中的原则来分析夫妻的情感状态。其他的研究者也借用过埃克曼的这套系统，所用范围涉及精神分裂症和心脏病等；就连皮克斯的《玩具总动员》、梦工厂的《怪物史莱克》的电脑动画师们也借鉴过这套系统。想掌握这套系统需要花费几周的时间，全球仅有 500 人有资格在研究中使用此系统。但那些掌握了这个系统的人，也同时掌握了非同寻常的领悟力，能够洞察人们在对视时所传达的信息。

埃克曼回忆起 1992 年民主党初选时第一次看到比尔 · 克林顿时的情景，他说："我观察了他的面部表情，然后对我妻子说，'这可是个捣蛋鬼'。这个人是那种希望在干坏事时被抓个正着，却又让大家爱他的坏蛋。他有一个特别喜欢做的表情，就是'我喜欢调皮捣蛋，但是还是请你爱我这个小坏蛋'的表情，由 12、15、17、24 号动作单元外加翻白眼的动作组成。"埃克曼略停了一下，接着，他的脸上依次浮现了刚才所提到的一系列表情。他先收缩了他的颧大肌，露出一副标准的笑容，这是 12 号动作单元；接着使用降口角肌将嘴角向下拉，这是 15 号动作单元；他通过屈伸颏肌抬起了双颊，这是 17 号动作单元；然后轻抿嘴唇，即 24 号动作单元；最后做了个翻白眼的动作——简直就像克林顿本人突然现身在屋里一样。

"我认识一个朋友，他在克林顿的宣传团队供职。因此，我找到他并对他说：'喂，克林顿喜欢在做一些表情的时候翻白眼，这些表情传达的信息是'我是个坏男人'。我觉得这不是什么好事，我可以用两三个小时帮他矫正。'我朋友说：'这个吗……我们不能冒这个险，不能让别人知道他和撒谎方面的专家见过面。'"埃克曼的声音渐渐低了下去。他对克林顿的喜爱是显而易见的，他是多么希望克林顿的这个表情仅仅是一个毫无意义的习惯性面部动作啊。他耸耸肩，无奈地说："很不幸，我想他注定要被人抓个正着吧——他的确被逮住了。"

3. 你的表情无处可藏

埃克曼的言外之意是，人的面部是一个丰富的资讯库，能够提供有关表情的诸多信息。他甚至有个更为大胆的见解，这个见解也是理解心智解读原理的核心，即我们脸上透出的信息不仅仅是反映我们内心活动的导航仪，这些信息本身就是我们的心思。

这种见解形成于埃克曼和弗里森为研究恼怒和沮丧表情而第一次相对而坐的时候。弗里森说："我们练习了好几周这些表情，最后才终于有人站出来承认，做这些表情的感觉糟透了。然后，另外一个人也发觉自己的心情很差，因此我们从那时起做起了记录。"接着，两人继续回到研究中，并开始跟踪调查他们在做某些表情时身体产生的反应。埃克曼说："比如，你要做 1 号动作单元，也就是抬起眉头，外加 6 号，也就是抬起双颊，再加上 15 号，将嘴角下垂。"他边说边做了这 3 个动作："我们发现，只要做出这个表情，就能引起自主神经系统的显著变化。刚开始时，我们大为诧异，这是完全出乎我们意料的现象。我们两人都受到了影响，产生了悲伤和恼怒的情绪，心情跌至谷底。当我下沉额头肌肉、抬升上眼皮，将眼睑收窄并将双唇紧闭（即 4 号、5 号、7 号、24 号动作单元）时，我所制造的情绪是恼怒之情。我的心率会随之上升 10~12 下，手心也会发热。做这组动作的时候，我无法阻止相应情感的生成，那感觉真是糟糕——糟糕透了。”

埃克曼、弗里森以及一位名叫罗伯特·利文森的同事（他与约翰·戈特曼有过数年的合作经历，心理学的世界真小啊）决定试着将这种影响效果记录下来。他们找来一组自愿参加实验的实验对象，在他们身上连接了测量心率和体温的监控器，以便记录这些与恼怒、悲伤和恐惧等情感有关的信号。他们让一半的实验对象回忆一段压力重重的经历，然后试着平复心情；另一半人则仅需学会做出表示恼怒、悲伤以及恐惧等紧张情绪的表情即可。结果，只需做出表情的第二组实验对象出现了与第一组实验对象相同的生理反应——他们的心率和体温都升高了。

几年之后，一组德国心理学家进行了一次类似的研究，他们给一组实验对象播放了卡通片，让其中一部分人用双唇叼住一支钢笔，以防止他们收缩笑肌和颧大肌这两块制造笑容的主要肌肉；另一部分人则需要用牙齿咬紧钢笔，这是一个强迫实验对象微笑的动作，与第一种动作的效果正好相反。结果，与第一组人相比，用牙咬紧钢笔的人觉得卡通片要有趣得多。我们理所当然地认为，情感的出现在先，然后我们才能将情感反映在脸上，因此，这个实验的结论可能是人们始料未及的。我们将表情视为情绪的残余物，然而，这个实验却向我们揭示了，情绪和表情出现的先后顺序是可以反转的，表情是可以成为情绪的肇始的。我们的面孔并不是内心活动的公告牌，在内心活动的过程中，表情和情绪是关系平等的“同伴”。

这个重要的发现对于心智解读而言有着不可替代的影响。举例说明一下，保罗·埃克曼在职业生涯的早期为40名精神病患者拍摄过录像，其中的一个病人名叫玛丽，是一个42岁的家庭主妇，曾3次自杀未遂。在第3次自杀时，她吞服了大量药物，幸而被人及时发现送往医院才得以死里逃生。她的孩子们都已长大成人并离开了家，丈夫对她态度淡漠，她的心情极度抑郁。这名病患初次入院时什么也不干，只是整天静坐着以泪洗面。但治疗似乎起到了良好的效果：3周后，她告诉她的医生，说自己的心情好了许多，想要回家度个周末看看家人。医生同意了。然而就在离院之前，她坦白说自己回家度周末的真正意图是想再尝试一次自杀。几年之后，几名年轻的精神科医生向埃克曼请教，想知道应该如何判断有自杀倾向的病人是否在撒谎。埃克曼想起了医院为玛丽拍过的录像，决心看一看里面是否藏有什么玄机。他推想，如果面孔真的是显示情感的可靠风向标，那么他应该能从玛丽撒谎说自己的情绪有了好转的录像中找出破绽。为了寻找线索，埃克曼和弗里森花了几十个小时仔细观看了录像，他们不厌其烦地反复倒带，一边用慢速播放，一边检查着每一个手势和表情。终于，两人发现了答案：当玛丽的医生询问她对未来的计划时，一种彻底绝望的表情从她的脸上一掠而过，其速度之快是肉眼几乎无法捕捉到的。

埃克曼将这种转瞬即逝的表情称为微表情，它在各种面部表情中占有特殊和重要的地位。许多面部表情都是我们自发做出的，如果让我一边摆出一副严厉的面容，一边对你大声训斥，那么不仅我能轻而易举地做到，你也能不费吹灰之力地解读我的愤怒。但是，我们的面容同时还受到另外一种不同的、非自发的系统的支配，此系统做出的表情是我们无法用意识来驾驭的。举例来说，很少有人能够自动做出表示悲伤的 1 号动作单元（埃克曼指出，大导演伍迪 · 艾伦是其中一个值得注意的例外，他能够使用内侧部额肌来制造出他那标志性的充满喜感的忧伤表情），但在不开心的时候，我们却都能下意识地抬起眉头。观察一下婴儿哭泣时的样子，你通常会发现其内侧部额肌像是被线牵着似的向上挑起。还有一个类似的例子，这个表情被埃克曼称为“杜兴式微笑”（the Duchenne smile）。这个名称是为了纪念 19 世纪的法国神经科学家纪尧姆 · 杜兴（Guillaume Duchenne），他是尝试使用照相机记录面部肌肉活动的第一人。如果我让你做出微笑的动作，你会通过收缩颧大肌来完成。如果你的微笑是带着真挚的情感自发做出来的，那么，你不仅会收缩你的颧大肌，还会收紧你的眶部眼轮匝肌，也就是围绕你眼周的肌肉。在被强迫做出微笑表情时，想要收紧眶部眼轮匝肌几乎是无法办到的，而当我们对令人愉悦的事物真心地微笑时，想要阻止此肌肉的收缩也同样很困难。迪谢纳曾写道，这种微笑“不服从于人的意愿”，“这种微笑是否出现，能让我们区分出真心和假意的朋友”。

每当我们体验到某种基本的情感时，我们的面部肌肉就能将这种情感表达出来。这种反应有时仅仅会在脸上停留不到一秒的时间，有时更是要借助连接在面部的电子传感器才能被觉察，但这些自发反应的出现是无法避免的。西尔万 · 汤姆金斯喊出过这样的演讲开场白：“人的脸就像阴茎一样！”言下之意是，在很大程度上，我们的脸是有自己的“思想”的。这并不是说我们对面部完全没有控制力，我们是可以通过使用随意肌群来试着抑制非自发的反应的。然而，一部分被抑制的情感却还是时常会暴露出来，比如，即便我矢口否认我的不悦，但还是会流露蛛丝马迹。玛丽就是如此。我们自发的表情系统是我们有意地传达情感的途径，而从许多方面来看，我们非自发的表情系统具有更为重要的用途：它是我们通过进化得来的、用来表达真实情感的工具。

埃克曼告诉我："你肯定有过这样的经历——别人指出你在做某种表情，但你本人却不自知。别人问你为什么不开心或是傻笑什么，你听得见自己的声音，却看不到自己的面孔。如果我们能知道自己脸上的表情是什么样的，我们就能更好地自我掩饰了。但这并不一定是件好事。想想看，如果我们每个人都有一个开关，可以随心所欲地随时把表情从脸上抹掉，如果婴儿也有这种开关，我们就不能了解他们的情感了，那他们的麻烦可就大了。我们可以这么说，由于我们进化出了表情系统，父母才能照顾自己的孩子。再想象一下，如果你的配偶有这样一个开关，那么你们之间的这段感情根本无法维持。我认为，如果没有我们的表情系统，婚姻、热恋、友情，还有其他的亲密关系都是浮云。"

埃克曼把一盘O. J. 辛普森受审的录像带放进录像机里。录像中，案件的主审检察官马西娅·克拉克正在审问暂住在辛普森家的卡托·凯林。凯林有一头蓬乱的头发，他坐在证人席上，一脸茫然。克拉克抛出了一个刁钻的问题，凯林身体前倾，轻声回答了她的问题。"看到了吗？"埃克曼问我。而我却什么也没有捕捉到，凯林就是凯林，就是那个既被动又无恶意的凯林啊。埃克曼暂停了录像，倒了带，又用慢速重播了一遍。屏幕上的凯林向前倾身，回答了问题，但就在指顾之间，他的脸部完全变了模样：他收紧了他的提上唇鼻翼肌，皱着鼻子，露出牙齿，眉头降低。“这差不多算是9号动作单元的表情，”埃克曼解释道，“表达的是憎恶外加恼怒之情。我之所以这么说，是因为当我们将眉头降低时，通常眼睛不会像他这样圆睁着。他抬起上眼皮的动作不是表示憎恶，而是恼怒表情的一部分。整个过程非常短暂。”埃克曼将录像暂停，又重新播放了一遍，他紧盯着屏幕说：“知道吗，他看起来就像一只嗥叫的狗。”

埃克曼给我播放了另外一段录像，是1955年哈罗德·“金”·菲尔比（Harold “Kim” Philby）举行的一场媒体见面会。当时的人们还不知道菲尔比是一个苏联的间谍，但他的两位同事唐纳德·麦克莱恩（Donald Maclean）和盖伊·伯吉斯（Guy Burgess）已经在那之前不久背叛苏联投敌了。菲尔比身着深色外套和白色衬衣，他的直发从额头左侧梳开，脸上一副趾高气扬的神情。

> 录像中一名记者发问：“菲尔比先生，外交大臣麦克米兰先生声称，并无证据显示你就是传言所说的向伯吉斯和麦克莱恩告密的所谓中间人。您对他对您的澄清满意吗？”
>
> 菲尔比用他英国上层人士那副拿腔拿调的语气自信地回答：“是的。”
>
> “那么，如果有中间人这么一个角色的话，那个人会是您吗？”
>
> 菲尔比仍然坚定不移地答道：“不，不会是我。”

埃克曼倒带后用慢速重播了刚才的那段录像，他用手指着屏幕说：“看这里。记者提问了两次，都是有关他是否犯过叛国罪的严肃问题，而他却面露幸灾乐祸之容，看上去就像一只吃到了金丝雀的猫。”这个表情从他脸上一闪而过，时间不过几微秒，但是在 1/4 慢速播放模式下，还是显得一清二楚：他的双唇贴在一起，纯粹是一副沾沾自喜的表情。埃克曼继续说道：“他正自鸣得意呢，不是吗？我把这叫‘撒谎的快乐’，也就是人们从欺骗他人中得到的刺激感。”埃克曼继续播放录像，说：“还有一点需要指出。”屏幕上，菲尔比正在回答另一个问题：“从第二方面来说，伯吉斯—麦克莱恩事件已经引起了一个非常……”他停顿了一下，“棘手的问题。”埃克曼将录像暂停，说：“就是这里，一个很难观察到的沮丧和不悦的微表情，只有在眉毛上有所表现——确切地说，只在一根眉毛上有所表现。”的确，菲尔比的右侧眉头抬起，这无疑是 1 号动作单元的表情。埃克曼说：“这个动作单元不是他有意的行为，时间极为短促，与他的自信和沉着完全背道而驰。这个动作单元是在他谈及伯吉斯和麦克莱恩时出现的，他向这两个人告过密。这是个绝佳的例子，它告诉我们‘不要笃信耳闻之事’。”

埃克曼所描述的内容，实际上就是我们对他人进行薄片分析时所依据的生理学基础。我们之所以能够轻松自如地读懂他人的心思，是因为理解某人或某种情况所需的线索往往就摆在对方的脸上。我们可能不能像保罗·埃克曼或西尔万·汤姆金斯这些人一样，成为阅读表情的行家里手，也可能无法捕捉到卡托·凯林变化为一只嗥叫之犬的短暂瞬间，但是我们有充足的易懂的面部信息，以帮助我们在日常生活中读懂别人的心思。如果有人对我们说“我爱你”，我们就会立即盯住对方，只是因为通过看对方的脸，我们便能够明了——或至少更加清楚地知道——对方的心意是否真诚：我们尝试去判断自己能否观察到温柔和喜悦之情，或者，对方的脸上是否在流光瞬息之间闪过一丝沮丧和不快的微表情。当你用双手捧住婴儿的双手时，婴儿会抬头看你的眼睛，因为他 / 她知道，这个动作的含义可以在你脸上的表情中找到。你的面部肌肉是否因为表示快乐之情的 6 号和 12 号动作单元而收缩（眶部眼轮匝肌以及颧大肌）？或者你的脸上挂着连幼儿都能轻易通过直觉判断为表示恐吓的 1 号、2 号、4 号、5 号和 20 号动作单元（侧部额肌、内侧部额肌、降口角肌、上睑提肌，以及笑肌）？我们都能够在短时间内得心应手地做出这类推测。实际上，我们每天都得做这种推测，而且并不需要经过思考。但这也正是阿马杜·迪亚洛一案的谜题所在。因为，不知出于何种原因，在 1999 年 2 月 4 日凌晨的那几个小时中，警察肖恩·卡罗尔和他的同事们完全丧失了进行这种推断的能力。迪亚洛是无辜的，当时他的情绪是好奇和害怕参半的，并且昭然若揭地写在他的脸上，然而警察们却对此视而不见。这是为什么呢？

4. 男人、女人和电灯开关

通过自闭症这个很典型的例子，我们来看一看丧失心智解读能力意味着什么。按照英国心理学家西蒙·巴伦-科恩（Simon Baron-Cohen）的话说，患有自闭症的病人存在“思维盲区”。我在上文中叙述的人们与生俱来的这些能力，对于自闭症患者来说却是难以企及，甚至无望达到的。他们很难读懂诸如手势和面部表情等非语言类的信号，也很难从他人的角度看待问题，另外，他们也不擅长理解任何超越字面意思的词句。他们发挥直觉的器官已经基本丧失了功能，从他们看待周围世界的方式，我们能够清楚地明白心智解读功能失灵所导致的后果。

阿米 · 克林（Ami Klin）是全美自闭症研究方面的领军人物，曾在纽黑文耶鲁大学的儿童研究中心任教。在那里，克林有一个跟踪研究了多年的病人，我们且叫他彼得。彼得当时 40 来岁，受过高等教育，工作和生活都能完全自食其力。克林向我解释说："我们每周都要会面谈话。这个人的能力很强，善于言谈，但是由于缺乏直觉能力，因此需要我为他对周围事物提供解释。"克林的相貌酷似演员马丁 · 肖特（Martin Short），是以色列和巴西的混血，讲话时带着一种特别的口音，但并不妨碍理解。在谈到自己多年的病人彼得的情况时，克林的话语中并无居高临下或漠不关心之感，语气平静得像是在描述一个稀松平常的性格小缺陷。"我每周都要和他谈话，和他说话时的感觉就是，我可以为所欲为地干任何事。我可以抠鼻子，可以脱裤子，也可以边跟他聊天边处理一些其他工作。即使在他的注视下，我也不会有被端详或被监视的感觉。他全部的注意力几乎都放在我说的话上了，话语对于他来说尤为重要，但他完全不会关注我的话语是如何与表情等非语言信号呼应的。一切在大脑中进行的活动——他无法直接观察到的信息，对于他来说都是难解之题。我是他的心理治疗师吗？事实并非如此。通常意义上的治疗都是以病人对自身动机的洞察能力为基础的，但对于彼得来讲，洞察力并不能起到任何作用。因而这个过程更像是在破解谜题。”

通过与彼得的谈话，克林想要弄明白，自闭症患者是如何理解这个世界的。为此，他和他的同事们设计了一项新颖巧妙的实验：他们决定给彼得播放一部影片，然后跟踪他的双眼在注视屏幕时的活动方向。他所选的影片是 1966 年由爱德华·阿尔比（Edward Albee）的剧目改编的电影《灵欲春宵》（*Who's Afraid of Virginia Woolf?*）。[2] 剧中，理查德·伯顿（Richard Burton）和伊丽莎白·泰勒饰演的夫妻邀请了由乔治·席格（George Segal）和桑迪·丹妮斯（Sandy Dennis）饰演的年轻夫妻一起聚会，谁料聚会却演变成了紧张刺激的一夜险情。克林解释道："这是我最喜欢的一部电影了，我爱它的电影剧本，爱理查德·伯顿，也爱伊丽莎白·泰勒。"电影对于克林的实验来讲，真可谓好钢用在了刀刃上。自闭症患者对机械呆板的东西很是着迷，而这部影片的镜头突出演员，且布景十分宽敞。克林解释说："这部片子是围绕着 4 位主人公和他们的心理活动展开的，内容很紧凑，片中很少出现静态单调的镜头，因而几乎不会让自闭症患者分心。如果我播放的是主人公为一台机器人的《终结者 2》（*Terminator Two*），那么我就收不到预期的效果了。《灵欲春宵》的内容全部以紧张刺激、扣人心弦的交际互动场面为脉络，包含层次丰富的情感、表情和含义。我们的实验目的，是要看看自闭症患者是如何搜寻事物的含义的，这也是我选择这部片子的原因。我很想透过自闭症患者的双眼来看看这个世界。"

克林给彼得的头部戴上了一部装置，上面配有一种由两架小型摄像机构成的简易但功能强大的视线追踪仪器。一架摄像机负责记录彼得视网膜中央凹进处的活动，另一架则用来记录彼得所看到的一切事物。然后，研究人员把两架摄像机的图像叠加在一起，也就是说，在每一帧画面上，克林都能够画出一条线来表示彼得当时注视的位置。事后，他让没有患自闭症的实验对象也观看了影片，然后将他们的眼部运动和彼得的做了比较。我们拿电影中的一个场景来举例吧，其中，尼克（乔治·席格饰）正在礼貌地与人交谈，他指着男主人乔治（理查德·伯顿饰）的书房墙壁问："这幅画是谁的作品呀？"很明显，你我在观看这个场景时，双眼会跟随尼克手指的方向看去，目光落在那幅画上，接着转回到乔治的双眼，观察他会做何反应，然后回到尼克的脸上，看看他对乔治的回答有什么回应。这一切都是在不到一秒的时间内完成的。在克林的视觉扫描图上，表示非自闭症患者注视点的线条构成了一个边缘平滑的直角三角形，先由尼克到墙上的图画，再转回到乔治，最后回到尼克脸上。可是彼得的观察方式却有些与众不同，他的目光首先停留在尼克的脖颈处，而没有跟随尼克胳膊所指的方向。原因并不难理解：我们在解读用手点指这一动作时，由于需要读懂动作发出者的心思，必须立即转换到他的角度进行思考，但显然，自闭症患者们不具备心智解读的能力。克林告诉我："幼儿在 12 个月大时就能对点指这一动作做出反应了。而冰雪聪明的彼得已经 42 岁了，却不具备这一能力。这些手势和动作的意义都是幼儿自然而然就能学会的，但他却对此一头雾水。"

那么彼得是怎么做的呢？他听到了"画"和"墙壁"这两个词，于是就在墙壁上寻找那幅画。但是周围的墙上挂着 3 幅画，究竟是哪一幅呢？克林的视觉扫描图显示，彼得的目光在 3 幅画之间拼命地移动着。与此同时，电影的对白已经继续往下进行了。对于彼得来讲，只有当尼克的口头表达非常清晰明确时——也就是说，尼克得说出“左边这幅画着人和狗的图画是谁的作品呀”这样的话，彼得才能够看懂这场戏。只有在一个完全按字面意义表达含义的环境中，自闭症患者才不致困惑迷茫。

还有一点也很关键。在乔治和尼克对话时，非自闭症患者会盯着两人的眼睛看，之所以这样做，是因为在别人的谈话过程中，我们需要一边倾听他们的对话，一边观察他们的眼睛，以便捕捉埃克曼事无巨细地记录下的细微表情变化。但在观看那场戏时，彼得并没有看任何人的眼睛。在电影的另外一个重要场景中，乔治和玛莎（伊丽莎白·泰勒饰）情意绵绵地拥抱在一起，而彼得却没有像一般人一样去看这对拥吻情侣的眼睛，而是将目光放在了两人身后墙壁的电灯开关上。这并不是因为彼得反感人类或是讨厌亲昵行为，原因在于：如果一个人不具备心智解读的能力，不能用他人的视角来看待和思考问题的话，那么即便去观察他人的面孔或双眼，也难以获取任何重要的信息。

克林在耶鲁大学有一位名叫罗伯特·T. 舒尔茨的同事，他使用功能磁共振成像仪做过一项实验。[3] 功能磁共振成像仪是一种非常精密的脑部扫描仪，它能够显示脑部血液在任意指定时间点的流向，并由此显示大脑的哪些部位正处于工作状态。舒尔茨让实验对象进入成像仪机器仓中，给他们布置了一项简单的任务，即用按按钮的方式来表示他们所看到的两张面孔或两件物品（如椅子或锤子等）是否相同。普通人在看到人脸时所用的大脑部位被称为“梭状回”，那是一个极其精密的大脑部件，能让我们分辨我们所知的成千上万张面孔。（请在脑中想象一下玛丽莲·梦露的脸。好了吗？你刚刚就用到了你的梭状回。）然而，当正常的实验对象看到一把椅子时，他们所用到的是相比之下功能较弱的全然不同的大脑区域，即通常用来观察物体的“颞下回”。（你之所以能在40年后认出你上初二时的同学萨莉，却难以从机场的行李传送带上认出自己的行李包，原因就在于我们在辨认物体与人脸时所使用的两个大脑区域的精密度有所不同。）可是，在用自闭症患者进行相同实验的过程中，舒尔茨却发现，这些患者在看到椅子和人脸时使用的都是大脑的物体辨认区域。换句话说，从最基本的神经系统层面来讲，在自闭症患者看来，人脸只不过是一把椅子而已。下文是医学文献中最早的一则对自闭症患者的描述。“他从不抬眼看别人的脸，在和别人交际时，他看待对方（或者说对方的面部）的方式和对待物体没什么两样。在玩耍时，他会用头部撞他的母亲，这和他平时用头顶枕头的动作很像。他虽然允许寄宿处的阿姨为他穿衣服，却没有对她表现出丝毫的注意。”

因此，当彼得看到玛莎和乔治的吻戏时，他的注意力并没有自然地聚焦在两人的面部。他看到的不过是三个物体——一个男人、一个女人，以及一个电灯开关。其中更吸引他的是哪个物体呢？令人诧异的是，他选择了电灯开关。“我知道，（对于彼得来说）电灯开关是他人生中很重要的一件物品。”克林告诉我，“一看到电灯开关，他的注意力就会被吸引。这就好比你是一位马蒂斯[①]画作的鉴赏家，你浏览

① 亨利·马蒂斯（Henri Matisse），法国画家，野兽派代表人物。——编者注

了众多画作，突然感叹道：啊！这不就是马蒂斯的作品吗！同样地，彼得也会惊叹：啊！这不就是电灯开关吗！他在找寻意义、找寻规律，因为他讨厌困惑。每个人都会被对他们而言有一定意义的东西吸引。对我们中的绝大多数来说，人本身就符合这一标准。但如果人并不能为你传达含义和信息，那么你便会从其他东西中找寻和求索。”

在克林做实验用的这部电影里，火药味最浓的一场戏可能要数玛莎和尼克并肩而坐的一幕了。玛莎使尽浑身解数挑逗尼克，甚至把一只手放在他的大腿上，而在他们身后，微微侧身偷看两人的乔治却越发感到嫉妒和愤怒。随着剧情的展开，一般观众的视线几乎呈等边三角形的形状，从玛莎的双眼移动到尼克的双眼，从尼克的双眼移动到乔治的双眼，又从乔治的双眼落回到玛莎的双眼，随着气氛的逐渐升温，密切关注着三人的心理状态。但是彼得呢？他先盯着尼克的嘴巴，又瞟到尼克手中的杯子，接着目光又落到了玛莎毛衣的胸针上，却一眼也没有看乔治。因此，他完全没有捕捉到这场戏传达的感情信息。

在实验中与克林共事的沃伦·琼斯说：“在一场戏里，乔治马上就要按捺不住自己的怒火了。他走到衣橱边，从架子上拿起一把手枪，对准玛莎扣动了扳机。谁料，从枪口射出的却是一把伞。观众们直到看到了伞，才意识到这只是一个计策，而他们在刚才着实捏了一把汗。但自闭症患者们却会放声大笑，把这千钧一发的时刻完全看作一场动作喜剧。这一点很能说明问题。自闭症患者没有抓住这场戏的感情基础，他们只看到了乔治扣动扳机却射出一把伞的表面现象。他们走出放映室，心里暗想，戏里的人玩得真开心啊。”

彼得在电影实验中的表现，向我们清晰地展示了心智解读能力的丧失所引发的后果。彼得聪颖过人，从著名学府毕业，他的智力远远高于普通人的水平。克林在谈到他时也流露出他对彼得的发自内心的尊重。但是，由于一项非常基本的能力的缺失，由于他在心智解读方面的缺陷，他在观看完《灵欲春宵》一片后，对影片的理解不仅错得离谱，还与社会普遍的理解完全脱节。彼得常犯这样的错误，但鉴于他由自闭症造成的永久性思维盲区，这些错误是可以被理解的。可我不禁想到，在特殊的情况下，我们这些非自闭症患者是否也会暂时出现和彼得一样的思考方式呢？自闭症或者思维盲区一定是慢性而永久的吗？有没有可能出现偶发情况呢？这是否能为我们解释为什么平日里意识健全的人偶尔会做出大谬不然的判断呢？

5. 与狗争吵

在电影或电视剧侦探片里，开枪的镜头时有出现。片中的人物鸣枪射击、追捕对手，有时还要开枪杀人。对手被击毙后，这些人会站在尸体旁大抽香烟，然后和同伴们去喝啤酒庆祝。按照好莱坞的说法，开枪是一件既稀松平常又简单易行的事情，然而实际却并非如此。绝大多数（超过 90%）警察在其整个职业生涯中都没有向任何人开过枪。根据有过开枪经历的人的描述，整个过程形成的压力大如千斤之鼎。这样看来，我们有理由相信，开枪的经历可能会导致偶发性自闭症症状的出现。

下面是一段访谈的节选，此访谈是密苏里大学犯罪学专家戴维·克林格（David Klinger）为他的一本引人入胜的著作《杀人地带》（*Into the Kill Zone*）而做的，对象是几名警察。第一段文字中的受访警察向一名威胁要枪杀其同伴丹的人开过枪。[4]

> 他抬眼看到了我，嘴里嘟囔了一句："该死的。"这句话并不是"该死的，我好害怕"的意思，而是"该死的，这里又来了一个人，我得把他也杀了"——挑衅意味十足。他把抵着丹头部的枪撤回来，举枪朝我瞄准。这一切都是以迅雷不及掩耳之势发生的。与此同时，我也举起了枪。丹仍然在和他对抗，当时我脑海里只有一个念头："老天啊，可别让我射中丹啊！"我共发射了5发子弹。在开枪时，我的视线也同时发生了变化。原本能够看见整个场景的我，当时只能看见罪犯的脑袋，其他一切都霎时间消失了。进入我视线的只有他的脑袋而已。
>
> 我看到5发子弹里的4发都射中了目标。第一发击中了犯人的左眉，在他头上射穿了一个洞，他的头往后猛地一倒，说了声："哎呀！"意思是"哎呀，你打中我了"。可是他的枪口仍对着我的方向，于是我发射了第二发子弹，我看到他左眼眼眶稍靠下的地方出现了一个红点，他的头往侧面转动了一下。我又开了一枪，击中了他的左眼外沿，他的眼睛爆裂开来，眼球掉了出来。我的第四发子弹正好从正面射中了他的左耳。第三发子弹已经让他的头又往我的侧面转了一些，当第四发子弹打到他时，我看到一个红色小洞在他脑袋的侧面打开后又合上了。我没看到第五发子弹打到哪里去了。然后，我听到了罪犯向后倒地的声音。

这是另一段访谈记录：

当他向我们冲来的时候，一切都慢了下来，仿佛一切都变为近镜头模式……他那边一有动作，我的全身都紧张了起来，胸部以下好像都没了知觉。我的视线全然对焦在目标身上，我屏气凝神地准备对他的动作做出反应，肾上腺素一阵狂飙！我大气也不敢多喘一口，一切感知全都朝前聚焦在迎面向我们奔来的持枪男子身上，视线则集中在他的身体躯干和手中的枪上。我无法告诉你他的左手在干什么，因为我不知道，我盯着的是他的枪。我看到他的枪从他胸前的部位掉落下来，那时我朝他开了第一枪。

我什么也没有听到，完全没有听到。在我开枪时，艾伦已经打出一发子弹了，但我并没有听到他开枪。我第二次开枪时，他又打出两发子弹，但我还是没有听到他开枪的声音。他倒在地上，滑着向我撞过来，我们两人都停止了射击。我甚至记不清自己是怎么从地上爬起来的。画面跳转到我站起来的情景，他躺在我的脚边。也就是说，等我明白过来时，我已经站起来俯视着他了。我不知道自己是怎么站起来的，是双手撑地而起？还是双膝跪地而起？这些情景都十分不清晰。但是我一站起来就恢复了听力，因为我能听到弹壳仍在地板砖上叮当作响。时间也似乎恢复了正常，从开枪过程中的慢速模式恢复过来了。这一切始于他向我们冲来的那一刻，虽然我知道他正向我们跑来，但看上去他仿佛是在慢镜头里活动一样。这是我见过的最稀奇、最邪门的事情了。

我相信，你一定也会觉得这些故事听上去很古怪。在第一段节选中，那位警察所叙述的事情听上去简直就是天方夜谭。人怎么能看到自己的子弹击中别人的过程呢？第二段节选也同样令人诧异。受访者声称没有听见开枪的声音，这怎么可能呢？然而，在对参与过枪击事件的警官的采访中，同样的细节却频频出现：视觉高度清晰、隧视野出现、声音减弱，以及时间降速的感觉。这是人类身体应对极度压力的方式，个中奥妙并不难理解。当威胁生命的情况出现时，我们的大脑会急剧缩减我们需要处理的信息数量及范围。为了增强对眼前咫尺之遥的危机的感知，声音、记忆，以及笼统的社会认知都会成为牺牲品。确切地说，感知范围的缩小帮助了克林格书中描述的警察们出色地完成了任务，也让他们得以将注意力集中在眼前的威胁上。

但是，当这种应对压力的反应走向极端时，又会发生什么状况呢？美军前陆军中校兼《杀人艺术》（*On Killing*）一书的作者戴夫·格罗斯曼（Dave Grossman）认为，当我们的心率在每分钟115~145次波动时，我们会达到所谓“冲动”的最佳状态，这时的压力是有助于提高我们的表现的。[5]格罗斯曼说，他为冠军神枪手罗恩·埃弗里（Ron Avery）测量过心率：当罗恩进行实地射击时，他的心率就在上述范围波动。篮球巨星拉里·伯德（Larry Bird）说过，在比赛的关键时刻，球场会变得寂静无声，球员们的动作也好像是在放慢镜头似的。不难看出，他在打篮球时也像罗恩·埃弗里在射击时一样，达到了最佳“冲动”状态。然而，能像拉里·伯德一样洞观球场的球员屈指可数，这是因为能在最佳“冲动”状态下打球的球员是寥寥无几的。大多数人在压力的侵袭下往往过于冲动，一旦超过了某个临界点，我们的身体阻挡的信息来源过多，我们也就无法进行正常的活动和思考了。

格罗斯曼说："心率一旦超过每分钟145次，情况就不妙了。人们进行复杂运动的技能会出现混乱，用某只手而非另一只来执行任务变得困难……心率达到每分钟175次时，人们的感知处理能力会完全崩溃……前脑停止运转，中脑——人脑中与狗的大脑相同的部分（所有哺乳动物都有这部分大脑）——会越权代替前脑的工作。你有没有试过和一个恼羞成怒或惊恐万分的人进行交谈？你的努力是完全无济于事的……这和同你的狗争辩无异。"在此状态下，我们的视野变得更加狭窄，行为极具攻击性。成为枪击对象的人在事发当时出现排便反应的事例屡见不鲜，这是因为心率在为应对紧急危机而超过每分钟175次时，身体会将上述生理控制视为非必要的活动。同时，血液会从我们身体的外部肌肉层流回到内部肌肉群。从进化的角度来说，血液内流的目的在于尽量使外层肌肉变得坚硬，使其成为身体的铠甲，并抑制受伤时的血液流失。但这也会使我们行动笨拙、不够灵敏。正是出于这个原因，格罗斯曼建议人人都应该练习拨打911这一动作，因为他不止一次地听说，许多人在紧急情况下拿起电话，却无法做出这个最为基本的动作。由于心率狂飙以及动作协调性骤降，有的人把911拨成了411，因为他们只能记起这个号码；有的人则忘了按下手机上的拨出键；有的人甚至完全无法辨别电话上的数字。"你必须得事先演练，"格罗斯曼如是说，"要不然事到临头，你就会乱了阵脚。"

正是出于这个原因，近些年来，许多警察局明令禁止在高速状态下进行抓捕。第一个原因不言自明：在高速抓捕的过程中，无辜旁观者的安全会受到威胁。在美国，每年都有约300人在抓捕中意外身亡。然而，原因并不仅仅如此。在抓捕行动完毕后，由于刚刚高速追击嫌犯，警察们很容易进入高度冲动的危险状态。纽约警察局的训练指挥詹姆斯·法伊夫（James Fyfe）曾为多起警察暴行案件出庭做证，他说："1992年的洛杉矶暴动就是以警察在进行高速追捕后对罗德尼·金（Rodney King）的所作所为为肇始的。1980年的迈阿密黑人抗暴运动也是由于警察在追捕后打死一名男子而引发的。1986年，警察在追捕后的行为又在迈阿密掀起了一场暴乱。在过去的25年间，美国的重大种族暴乱事件中有三起的起因都是警察在抓捕后的作为。"

鲍勃·马丁曾是一名业绩斐然的洛杉矶警察局警官，他告诉我们："在高速状态下行驶是很危险的，尤其是当你穿梭于居住区的时候，每小时50英里的车速已经能够构成威胁了。你的肾上腺素的分泌和心跳都会陡然加速，几乎和运动员的兴奋点相当。这是一种极度亢奋的状态，它会使你失去正确的判断能力，过度沉浸于追捕过程。常言道，抓捕猎物的狗不会停下来抓自己身上的跳蚤。只要你听过警察在追捕过程中的无线电录音记录，你就会从他们近乎狂吼的声音里听出这句俗语的意思。新上任的警察则会在抓捕过程中达到近乎歇斯底里的状态。我还记得我的第一次抓捕行动。当时我刚刚毕业几个月，抓捕行动是在一个居民区展开的，我们的车有时几乎都开得飞离地面了。最终，犯人被我们成功逮捕归案。我回到车里，想用无线电给同事们报个平安，但却因为浑身颤抖而无论如何都拿不起对讲机。"马丁说。在一场追捕后，追逃双方都会心率骤升，出现类似掠食性动物的心血管反应，在这种状态下，类似洛杉矶暴动中殴打罗德尼·金的事件几乎是不可避免的。他说："在关键时刻，斯泰西·库恩（逮捕现场的一名高级警官）命令其他警察走开，但是没人听从。这是为什么呢？原来，他们没有听到命令，因为他们的感官系统已经停止运转了。"

法伊夫说，他曾为芝加哥的一起案件做证。案件中的警察在一次追捕行动后枪杀了一名年轻男子。这名男子并没有像罗德尼·金那样拒捕，他只是乖乖地坐在车里，却也遭此劫难。"他是西北大学足球队的一名运动员，名叫罗伯特·拉斯（Robert Russ）。他被杀的当晚，当地警察还在一次开车追捕行动后枪杀了一个小女孩。这桩案子由约翰尼·科克伦律师接手处理，并获得了逾 2 000 万美元的赔偿金。警察说是拉斯的车开得摇摇晃晃在先，他们追捕他的行动在后，但其实拉斯的车速不算太快，并没有超过每小时 70 英里。警察把他的车逼离了原路，停在丹·瑞安高速公路上。相关规定明文指出，在这种情况下，警察不应该接近对方的车子，而应让司机自行下车。可是，两名警察却冲到车前，打开了副驾驶的车门，另一个笨蛋警察则站在驾驶席一边，嚷嚷着让拉斯打开车门。但是拉斯只是坐着，没有动弹。我不知道他当时在想些什么，但他并没有做出什么反应。于是，一名警察击碎了左后部的车窗，开了一枪，子弹击中了拉斯的手和胸部。据这名警察回忆，当时他对拉斯说，'把手举起来！把手举起来！'他声称，当时拉斯挣扎着要抢他的枪。我不知道事实是否果真如此，只能姑且相信他的话了。但这一点并不重要，因为这名警察不应该靠近拉斯的车，也不应该击碎车窗的玻璃。这仍算是一起无正当理由的开枪事件。"

在事发时，这位警察试着去读懂司机的心思了吗？完全没有。心智解读能让我们调整对他人的动机和意图的认知。在上文提到的《灵欲春宵》中的那场戏里，乔治怒火中烧地在背后看着玛莎挑逗尼克，同时，我们的目光从玛莎的双眼、乔治的双眼和尼克的双眼之间来回打转，因为我们不知道乔治会采取什么样的行动。我们搜集着有关乔治的信息，我们想要知道他到底会干些什么。但是阿米·克林的自闭症患者的目光却先落到了尼克的嘴巴上，又从他的饮料转移到了玛莎的胸针上。这个病人的大脑对人类和物体的处理方式是相同的，他看不到拥有各自情感和思想的人，只看到了屋里有一群没有生命的物体。他自己建立了一套理论，用来理解和说明这些“物体”。然而，这套理论的逻辑却漏洞百出，让他在看到乔治向玛莎开枪却射出一把伞时不禁哑然失笑。从某种意义上来说，这也是那名警察在丹·瑞安高速公路上所犯下的错误。在经历了追捕的极度亢奋后，他无法读懂拉斯的心思，由于视线和思考范围的缩小，他也自建了一套僵化的理论，这套理论告诉他，一个驾车逃避警车追捕的年轻人必定是个危险的罪犯。然而，拉斯只不过是坐在车里，车速也没有超过每小时 70 英里。这些与这名警察判断相悖的证据，在正常情况下本可以被他纳入考虑范围，但在当时却全然没有引起他的注意——冲动让我们出现了思维盲区。

6. 有限的白色空间

你看过刺杀罗纳德·里根总统事件的录像吗？1981 年 3 月 30 日下午，里根在结束了于华盛顿希尔顿酒店发表的演讲后，随即从一扇边门出来，一边往他的轿车走去，一边向众人挥手致意。人群沸腾，高呼："里根总统！里根总统！"突然，一个名叫约翰·欣克利（John Hinckley）的年轻男子手持一把0.22英寸口径的手枪猛扑过来，近距离向里根的随行人员开了6枪，随后被人扭倒在地。第一发子弹击中了里根的新闻秘书詹姆斯·布雷迪的头部，第二发打中了警官托马斯·德拉汉蒂的后背，第三发子弹射中了特工蒂莫西·麦卡锡的胸部，第四发子弹从轿车车身反弹穿入了里根的肺部，距离心脏仅差几英寸。毋庸赘言，欣克利刺杀总统事件的蹊跷之处在于，他为何能够如此轻易地接近里根呢？总统有保镖的簇拥护卫，而保镖的任务就是要警惕像约翰·欣克利这样的人。在料峭春日里，为了一睹总统风采而站在酒店外苦等的人多是善意的拥护者，而保镖的工作就是要仔细查看人群，寻找心怀叵测的不合群之人。阅读表情是保镖工作的一部分，心智解读也是其必备能力之一。那么，这些保镖为何没能读懂欣克利的心思？如果你看过录像，那么答案便不言自明了。这也是引起思维盲区的另一个关键因素：时间太有限了。

加文·德·贝克（Gavin de Becker）是洛杉矶一家保镖公司的经营者，也是《求生之书》（*the Gift of Fear*）一书的作者。他说，安保工作中至关重要的因素在于"白色空间"的大小。白色空间是他对潜在行凶者与其攻击目标之间距离的称呼，白色空间越大，可供保镖反应的时间也就越长。而保镖反应的时间越充裕，其解读潜在行凶者心思的能力也就越强。但在欣克利刺杀总统一案中，却并不存在白色空间。当时，欣克利混在离总统只有几英尺之遥的一群记者中，直到开枪，他才引起特工们的注意。从里根的保镖意识到刺杀事件发生的那一刻起——这在安保行业中被称为“识别瞬间”，直到袭击过程结束，历时不过 1.8 秒。德·贝克说：“在里根遇刺事件中，一些人的行动的确非常英勇，但尽管如此，欣克利还是射出了 6 发子弹。也就是说，那些英勇的表现一丁点作用也没有起到，因为刺客离总统太近了。我们从录像里可以看到，一名保镖从包里取出一把机关枪站在那里，另一名保镖也掏出了枪。但是他们该朝谁开火呢？袭击已经结束了。”在那 1.8 秒的时间里，保镖们所能做的，只有不假思索地靠他们最原始（且于事无补）的冲动掏出武器，而根本没有办法理解或推测已经发生的事情。德·贝克解释说：“一旦缺失了‘时间’这个要素，我们就只能凭借最原始而低级的直觉反应来行事了。”

我们通常不会考虑‘时间’在生死攸关之际的重要性，可能是因为好莱坞电影已经把我们对暴力冲突的认识扭曲了吧。在电影里，枪战的过程是冗长的，警察们有充裕的时间夸张地与同伴耳语，坏人也有空闲时间跟警方叫板，较量徐徐展开，以震撼人心的场面收尾。光是讲述一场枪战的来龙去脉，就足以让整个过程显得比实际情况漫长了许多。听听德·贝克是怎么描述一场刺杀韩国总统的事件的：“行刺者站起身来，开枪打中了自己的一条腿——事情就是这么发生的。他当时都紧张得失控了。接着，他向总统开枪，却因没有瞄准而击中了总统夫人的头部，把她杀死了。一名护卫人员起身向刺客开枪，却没有打中，而是击中了一个 8 岁男童。双方都搞砸了，场面一片混乱。”你猜这一连串事件是在多长的时间里发生的？ 15 秒吗？还是 20 秒呢？都不是。用时仅仅 3 秒半。

我认为，在时间紧急的关头，我们也会出现暂时的自闭症症状。

举个例子来说，心理学家基斯·佩恩（Keith Payne）曾组织实验对象坐在一台电脑前，使用第二章中约翰·巴格在实验中使用的方法，通过屏幕上闪现的白人或黑人面孔对他们进行诱导。接着，他向实验对象展示了手枪或扳手的图像，图像在屏幕上停留的时间为200毫秒。然后，每个人都需要鉴别出刚才在图像上看到的物体。这个实验是受迪亚洛一案启发而设计的，你可能已经猜出了实验结果：如果你之前受到的是黑人面孔图像的诱导，那么你认出手枪的速度就要比受白人面孔诱导的人稍快一些。之后，佩恩重复了实验，这次他加快了实验速度。在原先的实验中，实验对象可以根据自己的速度来判断，但这次他们的判断时间不能超过500毫秒，也就是半秒。这一次，实验对象们开始出现判断失误了，如果先看到的是黑人面孔图像，那么人们辨认出手枪的速度就比较快，但他们也会更快地错把扳手指认成手枪。在时间的压力下，他们出现了与高度冲动状态下的人们相似的行为——不再依赖感知系统提供的实实在在的证据，而是死守僵化的判断方式，将事情模式化。

佩恩说："在做出瞬间决断的时候，我们很容易受到模式化思维和偏见的引导，即使是我们并不赞同或相信的观点。"佩恩尝试了许多方法来抑制这些偏见对人产生的影响，为了纠正实验对象的偏见，他告诉实验对象，会由他们的一个同学来审查其在实验中的表现，但结果却适得其反，他们的偏见加深了。他还试过向一些实验对象不加掩饰地透露实验的目的，直言让他们避免对不同人种的模式化思考方式，但也没能奏效。佩恩发现，唯一见效的方法，就是将实验的速度放慢，强迫实验对象在辨认出屏幕上的物体之前先稍微停一下。诚然，我们拥有强大的薄片分析以及瞬间决断的能力，但是即便是我们潜意识中的巨型计算机，也需要一定的时间来完成它的工作。鉴赏评判盖蒂博物馆那尊少年立像的艺术专家们，在判别那尊立像是否是赝品之前也需要一定的观察时间。如果只是在一辆时速 60 英里的汽车上透过车窗瞥见立像一眼，那么他们恐怕也只能凭空猜测立像的真伪了。

出于这个原因，近些年来，许多警署已将一辆警车上的警察人数从两人减少为一人。这听起来像是个馊主意：两名警察协同执行任务不是更合乎情理吗？两个人不是能够起到相互支援的作用吗？在应对危急状况的时候，两个人协作不是更安全省力吗？答案是否定的。一名有同伴陪同的警察，并不比单独行动的警察更安全，前者被起诉的概率也要比后者更高。在两名警察搭档出警的情况下，他们与民众的冲突更容易导致拘捕人和被捕人受伤，出现袭警指控的概率也更大。原因何在呢？原来，单独出警的警察会将办事的步调放缓，而有搭档陪同的警察却会提高办事速度。德·贝克指出："所有的警察都想要和同伴共乘警车，因为这样可以有个伴儿聊聊天。但是单人驾驶警车的警察招致的麻烦会少些，因为他们不会有那么大的胆子做出逞能之举。警察在单独行动时会采取一种截然不同的办事方法，其遭受伏击的概率相对更小。他 / 她不会勇于冲锋陷阵，而是告诫自己，'我应该待在这里，静候其他同伴的增援'。他们的行为更加友善，执行任务的速度也有所放缓。"[6]

如果拉斯——芝加哥一案中车里的那名年轻男子——当晚遇到的是一名单独出警的警察，那么他还会死于非命吗？答案很可能是否定的。一名单独出警的警察，即便是在经历了追捕行动的刺激下，也会停下来等待增援。拉斯一案中的几名警察就是仰仗着人多势众为其壮胆才会冒险追车的。法伊夫说：“你得让事情的发展缓下来。我们在培训中告诉学员，时间是站在你那边为你服务的。在拉斯一案里，被告方的律师说当时事情发生得太快、太突然了。但是，这都是警察一方造成的啊。拉斯已经被他们拦住了，他还能往哪里跑呢？”

警察培训所起的效果，其实也就是教会警察不要犯上述错误，避免出现暂时性的自闭症症状。比如，在交通拦检时，警察应按照培训中的指示将警车停在违规车的后面。如果是在夜间，警察应用车头灯光照入前面的车中，并从驾驶员所在方向靠近车辆，走到驾驶员的后方停下来，将手电筒的光通过驾驶员的肩膀照在他或她的大腿上。我遇到过这种情况，当时我觉得自己有一点不被尊重的感觉。为什么警察不能像对待正常人一样与我面对面交谈呢？原因在于，如果警察站在我的身后，那么我朝他掏枪的可能性就几乎为零了。首先，警察的手电筒照着我的大腿，因此他能看到我的手的位置以及是否有掏枪的动作，即便我摸到了枪，也得在座位上向后转差不多 180 度，从车窗探出身体，绕开车门立柱，才能朝警察开枪（别忘了，我还会被他的前车灯灯光刺得双眼昏花呢）。何况，这一切动作都会被他看得一清二楚。可以这么说，警察的这个操作要求其实是对我有利的，因为只有当我做出了上述一连串冗长且动机明确无疑的动作时，警察才会向我拔枪。

法伊夫在佛罗里达的戴德县组织过一项研究。当地的警察和民众之间的暴力冲突多得离谱，其所引发的敌对和矛盾是不难想象的。社会团体谴责警方既麻木不仁又爱搞种族歧视，警方则恼羞成怒地反唇相讥，他们用了一个旧调重弹的借口：武力虽然会造成伤害，却是警察工作中不可避免的一部分。针对此事，法伊夫主张避开警民之间的争端不谈，而是通过一项实验来认识问题。他派观察员乘坐警车，让他们不断地为警察的行为与正规培训要求的契合度打分，他指出："观察员主要是看警察是否利用了可用的掩护物。在培训中，我们训练警察们尽可能地缩小自己所构成的目标，好让犯罪嫌疑人自己决定是否开枪，因此我们调查的项目包括：警察是利用了掩护还是径直从大门进去的？他是否一直把枪放置于对方看不见的地方？手电筒是否在他力量较弱的一只手里握着？当有人打电话举报入室盗窃时，警察有没有打回去询问更多的信息，还是简单一句'收到'就完事了？警察有没有请求增援？有没有在相互之间协调执行任务的方法？比如，你负责射击，我们负责掩护之类的。另外，他们是否查看了周围的情况？是否在遭窃的住户房屋的后面另外安排了一辆警车待命？进入房间后，他们是否将手电筒远离躯干，置于身体侧方（这么做是因为，如果犯罪嫌疑人有枪，那么他会朝着手电筒开火）？在交通拦检时，警察是否在靠近司机之前观察了车的尾部？诸如此类。"

法伊夫发现，在处理当面对峙或已被羁押的犯罪嫌疑人时，警察们的表现值得褒奖。在这类情况下，他们的行动达到了92%的正确率。但是在接近犯罪现场的过程中，他们却表现得一塌糊涂，正确率仅有15%。问题就出在这一环节上——警察们并没有采取必要的步骤来避免暂时性自闭症症状的出现。戴德县的有关人员将注意力集中在了改善警察们与嫌疑人对峙之前的行动上，在此之后，警察接到的投诉次数以及受伤的警察和群众人数都骤然下降。法伊夫表示："不要把自己逼到非要开枪才能自保的死胡同里。如果你不得不靠本能行事，那肯定会造成本可以避免的人员伤亡。如果你能巧用掩护、开动脑筋，那么你几乎就不会面临靠本能做出判断的窘境了。"

7. 我的脑袋里有什么东西告诉我：先别开枪

法伊夫的调查结果之所以可贵，是由于它颠覆了以往认识警察枪击事件的切入点：一方面，批判警察行为的人们不约而同地将矛头直指警察个人的动机和意图，大谈种族歧视和有意而为的偏见；另一方面，为警察说话的人则不谋而合地搬出同一套说辞来招架，这套说辞就是法伊夫所谓的瞬间综合征：一名警察以最快的速度赶到案发现场，犯罪嫌疑人就在那里，没有时间多想了，于是他采取了行动，在这种情况下，人们不得不接受失误是无可避免的这一事实。说到底，上述这两种观点都属于失败主义之谈，它们消极地认为，对于任何危急事件，我们都是无力予以制止或控制的。特别是在面对需要动用本能做出反应的情况下，人们更是一窝蜂地采取这一见解中的态度。然而，这种臆断大错特错。从某方面来讲，我们的潜意识与显意识思考并无差异。这是因为，无论采取哪种思考方式，我们都可以通过训练来提高瞬间决断能力。

在压力下，极度的冲动和思维盲区是不是必然会出现呢？答案当然是否定的。上文中为公众人物提供安保服务的保镖公司老板德·贝克，让公司的保镖参加了一项被称作“压力免疫课”的培训。“在我们的培训中，扮演被保护者的演员会告诉你‘到这里来，我听到动静了。’于是你转过墙角，砰的一声，你中弹了！不过这不是真枪实弹，而是用塑料做的彩弹，但你会有感觉。接下来，你还得继续完成你的任务，我们会告诉你：‘再来一次。’而这一次，我们会在你正朝屋里走的时候向你开枪。经过四五次这样的模拟中弹后，你的压力免疫就差不多练成了。”德·贝克还有一项类似的训练，其中，受训人需要多次与一只恶狗进行对峙。“在开始的时候，受训人的心率会达到每分钟 175 次，连视线都模糊了。到了第二或第三次的时候，他们的心率先是降至每分钟 120 次，又降到每分钟 110 次，然后他们就能正常地行动了。”通过重复上述训练，再结合实际经验，警察面对暴力冲突时的反应得到了根本上的扭转。

同样，心智解读能力也是可以通过练习得到提高的。堪称“世界上最伟大的心智解读专家”的西尔万·汤姆金斯，就是“熟能生巧主义”的坚决拥护者。其子马克出生的时候，他从普林斯顿大学请了公休假，待在位于新泽西州泽西肖尔的家中，整日盯着儿子的脸仔细观察，捕捉婴儿在刚降生的几个月里脸上所闪现的表情的规律，也就是好奇、喜悦、悲伤和愤怒之间的循环。他搜集了几千张记录着你所能想到的人类所有面部表情的照片，自己钻研各种面部纹路和皱褶的学问，以及哭和笑之前面部的细微差异。

保罗·埃克曼设计过几个简单的测试，以考查人们的心智解读能力。在其中一项测试里，他播放了一小段录像，内容为十几个人分别讲述他们所做过的一些事情，这些人之中有的人说的是实话，有的则在撒谎，而参加测试者的任务便是判断出哪些人是说谎者。这项测试的难度高得惊人，绝大多数参与者的表现与胡乱猜测无异。而表现突出的是哪种人呢？答案是，平日里有过此类练习的人。比如，丧失了说话能力的中风患者就是这项测试的大师。由于病症的驱使，他们对人们面部传达的信息变得异常敏感。童年受过严重虐待的参与者也有出色的表现，像中风患者一样，他们也得苦练心智解读这项困难的技能，以便读懂他们性格暴戾或酗酒成性的父母的心思。埃克曼还为执法机构举办了研讨会，在会上教授人们提高心智解读能力的方法。他说，区区半个小时的练习，就可以让人成为辨识微表情方面的行家。“我有一盘培训用的录像带，很受大家的好评。刚开始播放录像时，大家根本辨别不出录像里的任何表情，但是35分钟过后，他们却能一一辨识这些表情了。由此说明，这种技能是很容易练成的。”

戴维·克林格进行过一次采访，采访对象是一名经验丰富的警官。这位警官在其职业生涯中已经多次出入险境，也有过不少不得不顶住压力去解读对方心思的经历。这位警官的陈述说明，只要处理得当，发生于高压时刻的悲剧是可以避免的。事发时正值黄昏，他正在追捕3个十几岁的黑帮成员，其中一人跳过了围栏，另一人逃到了警车的前方，最后一个则在离警车不到10英尺的地方，一动不动地站在车灯的灯光下。警官回忆道：

我当时正要从副驾驶一侧的车门下车。（那个男孩）用右手在他的裤腰处摸索着什么。接着，我看到他把手放进了裤裆里，正在往左侧大腿处伸，好像在摸索从裤腿里掉落的什么东西。

他一边在裤腿里摸索，一边朝我转身。他直视着我，我喊道："停下！别动！别动！别动！"我的同伴也在朝他大喊："停！停！停！"我一边对他下令，一边取出左轮手枪。当我离他还差约 5 英尺距离的时候，他掏出了一支 0.25 英寸口径镀铬自动手枪。说时迟那时快，他把枪拿到腹部正中的位置，然后立即扔在了人行道上。我们将他缉拿归案，事情就这么结束了。

我认为，我之所以没有向他开枪，唯一的原因是我看他的年龄还很小。他只有 14 岁，看上去也就 9 岁的模样。如果他是成年人，我想我可能就会开枪了。毫无疑问，我感觉到了他的枪对我构成的威胁，我看得一清二楚，那是一把珍珠手柄的镀铬枪，但我知道我的枪已经瞄准了他，而且他看上去那么稚嫩，在没有确定他的意图之前，我还不想动手。我觉得我之所以这么决定，跟我多年的警察经验有很大的关系。他的脸上写满了惶恐，这种表情我以前也见到过。于是我想，如果我再给他一点时间，他或许就能给我一个不开枪的理由了。起码他在我的视线范围内，我能看到他从裤腿里掏出了什么东西，能够认出那是一把手枪，也能看到枪被掏出来时枪口是朝哪里对准的。如果他把枪再往裤腰上方多移动一点，再超过他的腹部一点，一旦我看到枪口朝我的方向稍有移动，那么一切就完了。但是他的枪管并没有往上移动，我的脑袋里有什么东西告诉我：先别开枪。

这场冲突用了多长时间？可能也就是一秒半或两秒吧。然而我们看到，这位警官的经验和技巧让他能够将这短暂的瞬间扩展开来，将事态的发展速度减缓，在最后关头来临之前不断地搜集信息。他看着枪被掏出来，看到了珍珠手柄，他的双眼跟随着枪口的方向，等着看男孩是决定把枪举起还是放下。在留心观察手枪的同时，他还需要观察男孩的脸部，判断他是面露凶相还是惶然失措。还有比这更能说明问题的瞬间决断的例证吗？从一个最为纤薄的切片中提炼出大量有意义的信息的能力，是长期训练和学习专业知识的馈赠。对于刚刚成为警察的人来说，这次事件很可能在他们看清形势之前就一晃而过了。但其实这次事件是清清楚楚的，每一个瞬间都是由一系列独立的、动态的组成部分构成的，而每个部分都包含着一个机遇，让我们得以出面介入，得以改良措施，得以纠正失误。

8. 惠勒大街上的悲剧

事情就是如此：天色已晚，肖恩·卡罗尔、爱德华·麦克迈伦、理查德·墨菲和肯·博斯四人在布朗克斯区南部看到了一名黑人男青年。他看上去举止怪异。由于四人坐在行驶的警车中，因而并没有看清楚。但他们马上自建起一套理论，以便对青年的怪异举止做出解释。比如，青年的身形并不高大，看上去挺瘦弱的。"'瘦弱'意味着什么呢？意味着他携带了枪支。"德·贝克边说边想象着当时四人脑中闪过的念头，"凌晨 12:30 了，他孤身一人站在外面。这是个治安较差的区域，他是个黑人，并且形单影只，那么他一定有枪，要不然他是不会一个人站在这里的。加之他又那么瘦弱，他哪里来的胆子，竟敢在三更半夜站在外面呢？因为他有枪啊。这就是他们自己杜撰出来的理由。”四人把车倒回来，卡罗尔事后回忆，看到迪亚洛仍站在原地时，他感到“大吃一惊”——看到坐满警察的警车，坏人不是应该撒腿就跑吗？卡罗尔和麦克迈伦下了车，麦克迈伦大喊：“我们是警察！能和你谈谈吗？”迪亚洛愣住了，毫无疑问，他当时被吓坏了，脸上满是恐惧的表情。两名与这个街区和这个时辰格格不入的高大白人，此时就突兀地站在他的面前。然而，由于迪亚洛掉头跑回了楼里，警察错失了读懂他心思的时机。现在，事件转化成一场追捕行动。卡罗尔和麦克迈伦并非那位能够冷静观察珍珠手柄手枪是否朝向自己被掏出来的经验丰富的警官，他们还是初出茅庐的新手，对布朗克斯区和“街道犯罪组”都很陌生，也不清楚在一条昏暗的走廊中追逐一个他们认为携带着枪支的男子会给他们带来何种难以想象的压力。他们的心率骤升，注意力范围也急剧缩小。惠勒大街是布朗克斯区中一条老旧的街道，路缘和人行道是齐平的，迪亚洛居住的公寓楼紧挨着人行道，中间只隔着一道有四层台阶的门廊，双方之间并不存在白色空间。从麦克迈伦和卡罗尔从警车中下来、双脚着地的那一刻起，他们和迪亚洛的间距就不超过 10 或 15 英尺。加上迪亚洛这一跑，事情就演变成了你追我赶！在此之前，卡罗尔和麦克迈伦只是有些心生疑窦罢了，而他们现在的心率是多少呢？估计已经到了每分钟 175 次或 200 次了吧。现在，迪亚洛已经跑回了门廊，面前就是门廊的里门了。他将身体侧扭，在口袋里掏着什么。卡罗尔和麦克迈伦既没有地方也没有工具作为掩护，并且没有车门立柱为他们提供遮挡，好让他们把动作慢下来。两人身处子弹发射线上，卡罗尔的眼睛看到了迪亚洛的一只手和一件黑色物体露出的一角——可谁知，那只是个钱包而已。这里是深更半夜的布朗克斯区南部，迪亚洛又是个黑人，加之当时的时间已经紧张到了以毫秒为单位计数的程度，我们知道，在这种情况下，人们几乎会无一例外地把钱包看成手枪。迪亚洛的表情传达的信号可能与卡罗尔脑中所想的有些出入，但是卡罗尔并没有看迪亚洛的脸，就算看了，他也不一定能理解迪亚洛的表情。这是因为，当时的他并没有尝试去解读迪亚洛的心思，他其实已经出现了自闭症症状，就像彼得在观看乔治和玛莎吻戏时将注意力锁定在了电灯开关上一样。卡罗尔的注意力已经死死定在了迪亚洛从口袋里掏出的东西上。卡罗尔大呼："他有枪！"接着就开了火。麦克迈伦向后倒下，也开了枪。在旁人看来，一名男子和着枪响向后摔倒的情景只能表明一件事情：他被枪击中了。因此，卡罗尔继续开枪，麦克迈伦看见卡罗尔在开枪，于是也没有停止射击，而博斯和墨菲看到他俩正在开枪，于是跳下警车，也开始掏枪射击。翌日的报纸想必会抓住事故中警察共发射了41发子弹一事大写特写，但是4个手持半自动手枪的人的确在约两秒半的时间里发射了41发子弹，这是事实。实际上，整个事件从头到尾经历的时间，估计比你读完这段文字的用时还要短。但是这几秒时间所包含的，却是足以影响他们一生的行为和决定。卡罗尔和麦克迈伦向迪亚洛喊话，是第一秒。迪亚洛调头往楼里跑，是第二秒。警察跨过人行道，登上台阶，紧随其后，是第三秒。迪亚洛在口袋里掏着什么，是第四秒。卡罗尔大喝："他有枪！"随即开火，是第五秒和第六秒。砰！砰！砰！是第七秒。之后是一片死寂。博斯跑向迪亚洛，低头往地上一看，大喊道："该死，枪呢？"接着，他朝着韦斯特切斯特大街跑去，因为他已在刚才的呼喊和枪声中迷失了方向。卡罗尔一屁股坐在台阶上，身旁迪亚洛的尸体上满是弹痕。卡罗尔失声恸哭。[7]

结尾

用眼睛倾听：
《眨眼之间》教给我们的箴训

在职业音乐家生涯初始之时，阿比·科南特（Abbie Conant）身在意大利，为都灵皇家歌剧院演奏长号。1980 年夏，她向遍及欧洲的 11 家有各种职位空缺的管弦乐团投递了简历，而只得到了一个回复。那是一封来自慕尼黑爱乐管弦乐团的来信，信的开头写着“亲爱的阿比·科南特先生”。现在看来，这个错误足以让当时科南特全身的警报系统“鼓乐齐鸣”。

由于管弦乐团的文化中心当时还在建设中，于是试奏在慕尼黑的德意志博物馆举行。参加试奏的候选者共有 33 名。每个人的演奏都要在幕布之后进行，以免评审看到他们。在当时的欧洲，这种在幕布后的试奏还很罕见，但是由于候选者中有一人是慕尼黑管弦乐团某位成员之子，为了公平起见，乐团决意将第一轮试奏安排在幕后进行。科南特被编为 16 号，她演奏的是费迪南·戴维（Ferdinand David）的《长号协奏曲》(*Konzertino for Trombone*)，这在德国是试奏者们常选的曲目。她吹错了一个音（G 音破音了），于是她告诉自己“完蛋了”，然后便走回后台，动手收拾东西准备回家。但评委们却不这么认为：他们被震惊了。试奏是典型的薄片分析场合，受过训练的古典音乐家们说，在很短的时间内——有时只用听上几个小节，有时则只要听完第一个音，他们就能判断出一名乐手的优劣。而对于科南特的功底，评委们一听便心知肚明了。等到科南特离开了试奏大厅后，乐团的音乐总监谢尔盖·切利比达奇（Sergiu Celibidache）大声惊呼："这就是我们要找的人！"其余17位等待上台试奏的乐手统统被打发回家了。有人到后台找到了科南特，请她回到试奏大厅。而当她从幕布后走出来时，她听到的却是带着巴伐利亚口音的惊呼声："这是怎么回事？老天啊！上帝啊！我的神啊！"原来，大家翘首以盼的不是一位"科南特先生"，而是一位"科南特女士"。

毫不夸张地说，这一幕很尴尬。切利比达奇是传统教学法教出来的指挥家，是个盛气凌人、固执己见的人，对于如何以及由谁演奏音乐都说一不二。另外，这可是在古典音乐的诞生地德国啊。"二战"刚刚结束后不久，维也纳爱乐乐团曾经尝试使用幕后试奏这一形式，谁知却出现了一个让乐团前主席奥托·斯特拉瑟（Otto Strasser）在回忆录中称为"怪异事件"的插曲："一位候选者以他的技艺博得了头彩，而随着幕布的升起，站在傻了眼的评委面前的居然是个日本人。"对于斯特拉瑟来说，日本人是绝对不能弹奏出欧洲人谱写的音乐中的灵魂的。同样，对于切利比达奇来说，女人是不能吹奏长号的。慕尼黑爱乐乐团里有一两个拉小提琴和吹双簧管的女性，但这些乐器是"女人"的乐器，而长号却是阳刚的乐器，是男人在军乐队里吹奏的，是歌剧作曲家用来象征地狱的，是贝多芬在第五交响曲和第九交响曲中用来制造喧嚣之声的。科南特说："如果一名专业长号演奏者在谈话时问‘你演奏时使用的是什么牌子的乐器呀？’那么即便是现在，你估计也无法想象一名小提琴手以‘我用的是百得牌（Black and Deckert，一家主营范围为电动工具、家庭清洁用具的公司）的电子小提琴’作为这个问题的答案吧？”

之后又进行了两轮试奏，科南特以优异的成绩双双通过。然而在切利比达奇以及其他评委看到科南特本人之后，各种根深蒂固的偏见便开始与他们对其演奏的良好的第一印象起了摩擦。她最终如愿加入了乐团，而切利比达奇却始终对此闷闷不乐。一年过去了，1981 年 5 月，科南特被邀请参加了一次会谈。会上她被告知，自己将被降级为第二长号手。没有人告诉她乐团做出这一决定的任何理由。为了再次证明自己，科南特担任了一年的见习乐手，却只是白忙一场。切利比达奇告诉她："你知道问题出在哪里。我们需要一个男性来吹长号独奏。"

科南特别无选择，只得把事情搬上了法庭。管弦乐团在法庭陈述中的理由是："原告不具备担任首席长号手所要求的体力。"科南特被送往高汀哥·郎医院，做了大量的测试。她对着特制器械吹气，进行抽血采样以检测其吸收氧气的能力，还接受了一项胸腔检查。她的得分在普通人之上，护士甚至问她是不是运动员。诉讼演变为一场拉锯战，管弦乐团声称，在演奏莫扎特的《安魂曲》时，科南特"很明显气息不足"。而实际上，那次表演的客座指挥还专门对科南特的表现大加赞赏了一番。人们筹划了一次特殊的试奏面试，并请来一位长号大师做评委。科南特演奏了长号曲目中最具难度的七章乐曲，大师极尽溢美之词地褒奖她——管弦乐团关于她既不可靠又不专业的言辞都是弥天大谎。8年之后，科南特终于恢复了原职，重回首席长号手之席。

但在此之后，历时5年的新一轮战争又打响了。原来，管弦乐团拒绝支付给科南特和男性乐手同等的薪金。这一次，科南特又获得了胜利，她提出的每一项指控都一一胜诉。她之所以能够大获全胜，是因为她有一个慕尼黑爱乐乐团无可驳斥的理由：谢尔盖·切利比达奇，那个不满她能力的人，在绝对公正客观的环境下听过她所演奏的费迪南·戴维的《长号协奏曲》，并在那个毫无偏见的时刻，亲口说过"这就是我们要找的人！"并让余下的长号手全部卷铺盖回家了——是幕布救了阿比·科南特。[1]

1. 古典音乐界的变革

很长一段时间以来，古典音乐界都是白人男性的天下，这种局面在古典音乐的发祥地欧洲尤甚。人们认为，女性在演奏能力上与男性无法同日而语，她们不具备一些曲目所要求的力量、感情或韧性。女性的嘴唇与男性不同，肺部不够强壮，手也没有男性的大。这些因素看起来并不像是偏见，而更似事实，因为当指挥家、音乐总监和音乐大师举办试奏会时，男性的演奏好像总是要比女性的听上去更胜一筹。没有人留心过试奏会的举办方式，因为大家都坚信，音乐家之所以为音乐家，原因之一就是他们无论在任何条件下，都能立即对乐曲演奏的水准给予客观而公正的评判。著名管弦乐团的试奏有时会在指挥家的更衣室里进行，适逢指挥家巡演期间，也会被搬到其酒店房间里进行。参加者的表演时间为 2~10 分钟不等。而时间的长短又有什么意义呢？音乐就是音乐。维也纳爱乐乐团的首席小提琴手雷纳·库赫尔（Rainer Kuchl）说过，他就算闭上眼睛，也能立即辨别出小提琴手的性别。他相信，女性演奏小提琴时的阴柔和细腻是逃不过受过训练的耳朵的。

然而，在过去的几十年里，古典音乐界经历了一次巨变。在美国，管弦乐手自发组织了团体，他们形成了联合会，争取公正的合约和健康福利，要求对肆意裁员现象采取适当的阻止措施，并由此推动了雇佣行为的公平性。许多乐手都认为指挥家滥用职权、个人偏见严重，他们希望试奏程序能够正规化，也就是说，不再让指挥家在用人问题上一手遮天，而是建立试奏评审委员会。在一些地区，规范条例明令禁止评委在试奏过程中交头接耳，以免一人之见影响他人。乐手不报姓名，而是按照序号排好顺序。在评委和试奏者之间有一块幕布，如果在表演过程中试奏者发出了清嗓子或任何透露身份的声音——如果脚穿高跟鞋的试奏者踏在了地板上没有铺设地毯的地方，那么此人就会被带出去重新换号。随着这些新规定在全美范围内逐渐生效，令人吃惊的现象发生了：管弦乐团里出现了受聘的女性。

在过去的几十年中，随着幕后试奏方式的普及，美国顶尖管弦乐团中的女性成员数已经增加了 5 倍。曾在 20 世纪 60 年代中期领导了倡导歌剧院实现幕后试奏运动的纽约大都会歌剧院大号乐手赫布·韦克斯勒布拉特（Herb Weksleblatt）回忆说："第一次施行新的试奏政策时，我们正好要招募 4 位小提琴手入团。谁料，所有的胜出者都是女性，这可是前所未有的情况。在那之前，我们整个管弦乐团里总共可能才有 3 位女性。我记得宣布 4 名获胜者均为女性时，一个男同事简直对我暴跳如雷，他告诉我，‘你会以把女人带进这个乐团的浑蛋之名遗臭万年的’。”

古典音乐界的人们意识到，以前施行的试奏法所产生的并非纯粹而权威的第一印象，此体制有着致命的缺陷。一位积攒了多次试奏经验的音乐家说：“有些人的演奏看上去要比实际的好，因为他们从外表看来既姿势端正又从容自信。有的人的演奏虽然看上去很糟糕，但实际上却很动听。有的人的演奏虽然看似很吃力，但是用耳朵却一点也听不出费劲的感觉。眼见和耳闻的东西之间总是存在着一定的偏差。试奏的过程在乐手一露面的瞬间就开始了，仅仅看到乐手拿着乐器走出来的样子，人们的心里就会嘀咕：这个乡巴佬是谁啊？又或者：这个人以为自己是老几啊？”

纽约大都会歌剧院的首席法国号手朱莉·兰兹曼（Julie Landsman）表示，自己会因观察乐手嘴巴的位置而分心：“如果乐手的乐器吹口在一个与众不同的位置，你可能马上会想，老天呀！这怎么行得通呢？但是每个乐手都有其独特的吹奏方式，有的法国号乐手用的乐器是铜制的，有的则是镍黄铜的，你能从每个人使用的法国号上得到一些信息，比如乐手来自哪座城市，师从哪位老师，习于哪所学校。这些门第方面的信息是会影响你对乐手的看法的。我参加过不设幕布遮挡的试奏，我能向你保证我的判断受到了偏见的影响，我在倾听试奏时使用的是双眼，而一个人的双眼是无法不影响其评判的。聆听的唯一真谛，就是用双耳和心灵去感受。”

华盛顿特区的美国国家交响乐团聘请了西尔维娅·阿利梅纳

（Sylvia Alimena）担任法国号手。如果没有幕后试奏这一方式的出现，她还会被选中吗？当然不会了。和长号一样，法国号是一种属于“男人”的乐器。何况，阿利梅纳是个只有5英尺高的娇小女子。实际上，这一点并不能说明什么，正如另一位优秀的号手所说：“西尔维娅能把一幢房子吹倒。”但如果你在听她演奏前看了她本人的样子，恐怕就听不出她的力量了，因为你的双眼所见会与双耳所闻的东西背道而驰。要想对西尔维娅·阿利梅纳做出一个公正的瞬间评判，除了让她在幕后演奏，我们别无他法。[2]

2. 小小的奇迹

从这场古典音乐界的变革中，我们学到了重要的一课。多年以来，指挥家们都对他们有失偏颇的瞬间评判置若罔闻，这是为什么呢？原因在于，我们往往对快速认知的力量采取了等闲视之的态度。我们不清楚自己的第一印象源于何方，也不能透彻理解其意义，因此不懂得珍惜它的脆弱和精细。想要学会重视快速认知的力量，我们就得辨认出那些虽难以察觉，却会让我们潜意识的功能发生改变、遭到削弱或萌生偏见的影响。评判音乐的好坏听上去好似如汤沃雪之事，但却和小啜可乐、评判座椅或试吃果酱一样，都并非易举。如果没有幕布遮挡，阿比·科南特会在半个音符都没吹奏之前就被打发走人的。而有了幕布之后，她却突然间拥有了进入慕尼黑爱乐乐团的资格。

面对不公正的评判体制，管弦乐团采取了什么样的措施呢？他们选择解决问题，而这，也是《眨眼之间》一书的第二个重点。对于在眨眼之间发生的事情，我们往往会采取听之任之的态度。看起来，我们好像对从潜意识浮现的东西没有什么控制力，但其实我们是可以掌握主动权的。如果我们能够控制快速认知发生的环境，那么我们就能控制快速认知本身。我们是有力量去帮助那些身处于战争、就职于急诊室或巡逻于街道的人避免失误的。

托马斯·霍温这样说过："以前，我在去看艺术品时总会让艺术商先在上面盖一块布，然后在我进门时突然把布掀开，这样我就能把全部注意力聚焦在那件艺术品上了。在纽约大都会艺术博物馆，我会让我的秘书或其他负责人把我们考虑购入的一件艺术品拍成照片，然后贴在一个我意料不到的地方，比如大衣柜里，好让我在打开柜门时能突然看见。这时，我可能会对这件艺术品感到很满意，也可能一下子发现我此前未曾留意的细节。"霍温十分看重直觉思考，还为此专门设置了特殊的步骤，以确保自己能够获得最为准确的第一印象。他并没有把自己的潜意识视为一种玄秘缥缈的力量，而是将其视为一种可以保护、控制和提高的能力。于是，在第一眼瞥见盖蒂博物馆的那尊少年立像之时，他已经做好了准备。

女性加入交响管弦乐团一事可以称得上是一个不容小觑的改革，原因之一在于，这场改革为一个曾被拒于机遇门外的人群打开了一片新天地。另外，通过改变第一印象这一试奏过程中最为核心的因素，技能成了评审的唯一基准。这样一来，管弦乐团才能聘请到更为优秀的乐手，而更好的乐手则意味着更好的音乐。我们如何才能听到更好的音乐呢？并不是通过全盘否定整个古典音乐的运营体制，也不是通过新建音乐厅或大量投入资金，而是在最微小的细节上多下功夫，在试奏会刚开始的那两秒多加留心。

为了成为纽约大都会歌剧院的首席法国号手，朱莉·兰兹曼参加了试奏。那时，练习大厅里的幕布才刚刚搭起不久。当时，歌剧院管弦乐团的铜管乐组里没有一名女性成员，因为大家都“知道”女性在这个方面的能力要逊于男性。但是兰兹曼还是参加了试奏，她坐下来开始吹奏，表现得很出色。她说：“最后一轮选拔的时候，在还没有人来通知我之前，我就知道胜者非我莫属了。因为我在试奏的最后一首乐曲中故意把最后一个高音C拖长了很久，让他们挑不出毛病。台下的人笑了起来，因为我的表现远远超出了他们的要求。”当兰兹曼被宣布为胜出者后，她从幕布后走了出来，而台下的人却倒吸了一口冷气。这不仅仅是由于她的性别——因为和科南特面对的处境一样，女性法国号手在当时也是寥若晨星的，也不仅仅是由于那个被大胆地拖长的高音C（一般人以为只有男性才能吹奏出如此阳刚的音符）。真正的原因是，台下的人认识兰兹曼——她作为替补乐手在歌剧院演出过。然而，在台下的人纯粹地用耳朵聆听她的演奏前，没有人意识到她拥有如此精湛的技艺。幕布创造了一个干净而纯粹的瞬间决断时刻，于是一个小小的奇迹诞生了：台下的人看到了真实的她。只要我们掌握了事件开头的两秒，这种奇迹将永驻我们身边。

后记

1. 钱斯勒斯维尔战役的教训

1863年春，美国南北战争中最著名的一场战役发生在弗吉尼亚州北部的钱斯勒斯维尔城。在这场战役中，传奇的南方邦联军总司令罗伯特·E. 李（Robert E. Lee）和绰号“好战的乔”的北方联邦军波托马克军团司令约瑟夫·胡克（Joseph Hooker）狭路相逢。彼时，李50多岁，身体状况欠佳。他赤胆忠心、颇有原则，一张阴沉的长脸上长着灰色的络腮胡。他深受军队崇敬，在战争中展现了无可比拟的军事才能。他的对手胡克则正好相反。胡克年轻、高大、白皙。“他当时是个单身汉，深受一众女性喜爱。”历史学家盖瑞·加拉格尔（Gary Gallagher）说道，“查尔斯·弗朗西斯·亚当斯（Charles Francis Adams）有句名言：在胡克的指挥部，一半是酒吧，一半是妓院，体面人在那儿没法谈正事。”但在他的指挥下，波托马克军团从衣衫褴褛、毫无纪律的队伍转变成了胡克所谓的“太阳底下的最强军团”。这是胡克的典型做派，他时刻自信满满。在布尔朗战役后，他对林肯说：“要说我在战场上是一位比您强得多的将军，那绝不是在虚张声势。”1863年春，在与李交战之时，他变得更加自信。“我的计划天衣无缝。”在作战之前，他对部队说，“当向他们开战时，希望上帝对李仁慈一些，因为我是不会对他有任何怜悯之心的。”

钱斯勒斯维尔城所处的环境很简单。拉帕汉诺克河从北方的蓝岭山脉蜿蜒流出，将弗吉尼亚北部一分为二，最后注入切萨皮克湾。1863 年，也就是美国南北战争爆发后的第三年，李已沿拉帕汉诺克河南岸一带筑起防御工事，这一带位于南方的美利坚联盟国首都里士满和北方的美利坚合众国首都华盛顿特区之间，林肯总统此时正在华盛顿焦急地等待着战报。李的军队有 6.1 万人，同时另有一位邦联军传奇指挥官“石墙”杰克逊（Stonewall Jackson）襄助。胡克与李隔河相望，胡克手下有 13.4 万人听令，其重炮兵也是对方的两倍。他最简单的选择是直接冲到河对岸，以压倒性的人数优势拿下李的队伍。但胡克决定采用一种更为精妙的方式。他分出大约半数的队伍，让他们行进至河流上游 15 英里处，在秘密渡过拉帕汉诺克河后再向下游行军，到李部队后方的十字交汇点钱斯勒斯维尔城集结。当时，胡克可谓胜券在握。他对李已形成了钳形攻势：李的前后都是比自己人数更多的敌方军队。

胡克的情报工作也走在了李的前头。他在联邦军中安插了间谍网络，所获的情报信息让他能在对手毫不知情的情况下将 7 万人的部队转移至其后方——这一点，即便放在今天也是一件非常了不起的事。而且，他还有两只任由其支配的热气球，为其提供关于李阵营的精准空中侦察信息。从任何一个常规维度来说，联邦军在钱斯勒斯维尔战役中取胜都是毫无疑问的。胡克在钱斯勒斯维尔城与大部队汇合时，将部队集结在一起，下达了最终命令：“本将军对现在的形势深感满意，兹宣布，经过三天的精心筹划，我们的敌人要么会可耻地逃遁，要么就会从防御工事中出来和我们正面对垒，他们必会溃不成军。”

但当战役开始后，在部署阶段看似再清晰不过的情势很快变得混沌不明。胡克本以为，李面临着被前后夹击的严峻形势，只能从唯一一个方向撤退——退回里士满；而在混乱的撤退过程中，联邦军将乘胜追击，李的部队便会如瓮中之鳖。这样的场景，他想过，也讨论过，并且已经将其固化在了他的大脑中。结果李并没有撤退，相反，他对部队成员进行了重新部署，然后出其不意地在钱斯勒斯维尔城与胡克迎头一战。胡克在阵营和人数上原本大有优势，但他现在懵了——李完全不像是在人数上处于极度劣势的样子，反而像是在人数上远超对手一样。一些邦联军在被俘后，告知联邦军，另一位邦联军将军詹姆斯·隆斯崔特（James Longstreet）正率大部队驰援李。这是真的吗？当然是假的，但胡克当时已经有点糊涂了。从理论上说，他对李有着压倒性优势。但打仗不是纸上谈兵，而是实实在在的厮杀。在巨大的压力下，胡克喊了停，让部队撤退，将战场优势拱手相让。“没关系，”胡克强作勇敢，对他的一位将军大流士·库奇（Darius Couch）说道，“我已经把李弄到我计划好的地盘上去了，他得在我的地盘上和我决一死战。”但库奇并没有被这番说辞愚弄，他说：“我在李的面前撤退了，当时我觉得，我的长官已经偃旗息鼓了。”

李也嗅到了胡克的弱势，所以他毫不犹豫地采取了行动，重新分配了军队成员，并派出了“石墙”杰克逊，在夜幕和浓雾的掩护下潜行至远处的胡克军队侧翼，奇袭了北方军自认为最坚不可摧的最远端阵营。下午 5 时刚过，李的部队出击了。当时，胡克的士兵们刚好在吃晚饭，步枪都被堆在一旁。李的队伍从四周的树林中叫喊着冲出来，拔出刺刀一阵刺杀，胡克的军队人仰马翻、四散奔逃。这是美国内战中最惨烈的一场战役。

2. 保罗·范里佩尔的战争

在所有为撰写《眨眼之间》而做的研究中，让我印象最深刻的是对保罗·范里佩尔将军的采访——他正是五角大楼“千年挑战”军事演习的“英雄”（或者说是“反派”）。范里佩尔住在弗吉尼亚州的威廉斯堡城外，他的房间十分整洁，让人一下子就联想到了房间主人的军旅生涯。我还记得，当他带我参观他的房子时，我因他书房里的书籍之多而惊呆了。现在回想起来，我当时的惊讶表现确实显得有点愚蠢。为什么海军陆战队的将军就不能拥有和英语教授同样多的藏书呢？我想，我当时应该是天真地以为将军自然是冲锋陷阵、建功立业之人，他们应当是行动主义者、当下的风云人物。但范里佩尔教会我的其中一件事就是，也许只有在接受长期而严格的教育和经验积累后，才能在瞬间做出出于本能而又颇为睿智的反应。范里佩尔击败了蓝军，凭借的既是他在越南战争中学到的丛林作战经验，也是他从自家书房中学到的东西。范里佩尔曾是一名军事史专业的学生。你想知道他最喜欢的是哪场战役吗？答案是钱斯勒斯维尔之战。

我在范里佩尔家中与他见面时，他提到了钱斯勒斯维尔战役，后来我们又在电话里谈起过那次战役。但直到这本书写完、即将出版之时，我才真正去图书馆读了关于这场战役的历史。我几乎一下子就明白了为何范里佩尔会如此执迷于胡克和李之间的这场决战。我们会以为类似钱斯勒斯维尔战役中的两个对手之间的关系是很容易搞懂的。我们会去数双方的士兵人数，对比两支队伍的军事力量，也会比较双方的作战战略、军情质量、军事阵地的强弱等方面信息。然后，我们会像做算术题一样，把双方所有的优势和劣势直接进行加减。但是，钱斯勒斯维尔战役告诉我们，在现实世界中，当遇到瞬间发生且风险较高的情形时，比如战场（或者急诊室、试镜，抑或深夜发生在布朗克斯区的枪击事件），那种正式的、传统的分析法就不太管用了。这场战役实际上体现了一种难以言喻的、神奇的决策能力，李有，而胡克没有。

这种神奇的能力是什么呢？就是伊夫琳·哈里森和托马斯·霍温在看到盖蒂博物馆中的那尊希腊少年立像时的感受，也就是维克·布雷登在看别人发球时知道其会双发失误时的那种感受，这是一种要用大量时间去学习、观察和实践后才能获得的智慧。它就是瞬间决断能力。《眨眼之间》里所有的故事、研究、论述，都旨在试着去理解这个被称为“瞬间决断能力”的神奇而神秘的事物。

想一想李，他能够觉察到胡克的优柔寡断，并在千钧一发之际果断出击，做出奇袭胡克的作战方案。换句话说，在战场上凭借本能快速行动的能力，是他能够击败人数两倍于他的敌军的关键因素。瞬间决断能力很重要——它能区分胜利者和失败者。现在，想想胡克。他不是傻子，也不是懦夫，而是一位身经百战的将领。那他到底为什么会在距离胜利只有一步之遥时退缩了呢？很多历史学家都思考过这个问题。哈利·汉森（Harry Hansen）在他的权威历史学著作《美国内战历史》（*The Civil War*）中写道：

> 或许胡克在最后关头想起了林肯“别太轻率”的警告；或许他在这紧要关头少了威士忌的酒精刺激——而在此之前，威士忌

是他的每日必需，只不过他曾公开表示，在阵前指挥的时候绝不饮酒；又或许他怀疑起了自己将7万大军几乎毫发无损地移师李军正后方的可喜成就——因为途中完全没有遭遇任何抵抗，一切似乎都太顺利了，好像李盼着他到达此处一样。又或者比这个原因更简单，也许他只是吓坏了[不是生理上的恐惧，而是心理上的恐惧]，就像海明威笔下的斗牛士盖洛（Gallo）一样——海明威说他是“第一个因为牛看他的某种眼神而拒绝杀牛的人”。盖洛有着漫长的职业生涯，在他最著名的一场演出中，他勇敢地与公牛搏斗，等到要对其痛下杀手的时候，他转过身，手握利剑，走近那头牛。那头牛正低着头，死盯着他。盖洛突然折回斗牛场边的栅栏处。“你来杀它吧，帕科，”他对同为斗牛士的同伴说道，“我不喜欢它看着我的样子。”也许，当胡克得知李调转头准备与他正面交锋时，他也是这样的反应。

当你读到这里时，我希望你能够意识到，瞬间决断能力的典型特征是其脆弱性。从经验中，我们会获得一项强大的天赋，即快速做出本能反应的能力。但这项天赋很容易被干扰，这也是我在《眨眼之间》一书中想要努力传递的信息。阿马杜·迪亚洛案中的四名警察就是被迪亚洛的肤色、缺少的时间停顿，以及在那七秒之内生理学上的干扰因素扰乱了他们的判断。他们是坏人，或者坏警察吗？我并不这么认为。但我觉得，他们在那个情形下做了最坏的决定。胡克也是。你能想象他当时处于怎样的压力之下吗？他的背后是坐镇白宫的林肯，指望着他能够抵挡住向华盛顿行进的邦联军；他的面前是作为和他同时代的最为传奇的军事人物之一的李。

“这是一个典型的例子，两军统帅在一个关键点交锋后，就有人会退缩，”加拉格尔说，“胡克被李给吓退了。李可以震慑近乎所有人，在他的面前，你只能希望自己不要输得太惨。我也不认为当时胡克的内心深处真的认为自己有任何胜算。他并不认为自己可以赢得和李的这场战役，于是他寄希望于李可以自己撤退，让他轻松一点，但李从来不会让任何人轻松。”

当我读完关于钱斯勒斯维尔战役的历史记载后，我对胡克的感觉就像我第一次读到那四名警察对深夜发生在布朗克斯区的迪亚洛案的证词一样，我为他感到遗憾。这是《眨眼之间》里要传递的第二个信息：在理解了瞬间决断的本质后，我们应该对那些受情势所困、致使其未能做出正确判断的人抱有宽容之心。

钱斯勒斯维尔战役中还蕴含着第三个教训——自《眨眼之间》首次出版以来，我就认为这是一个最重要的内容——即便李对胡克的军队的了解得远不如胡克对李的军队的了解，但李思考得比胡克更为深入。胡克才是真正知道敌军有多少人马的人——他有两只热气球在空中进行侦察，为他提供准确的敌军信息。尽管李掌握的信息比胡克少，但他仍然赢得了这场战役。我认为应该把这句话换个说法，那就是，可能正是由于李比胡克掌握的信息少，他才赢得了这场战役。现在，你已经读完了《眨眼之间》，我想你应该明白我的意思。

还记得盖蒂博物馆吗？这家博物馆的工作人员远比托马斯·霍温和伊夫琳·哈里森对希腊少年立像的“了解”更多。但最后，他们从律师、地质学家和考古学家手上获取的证明文件都没能帮上他们，反而对他们产生了误导。在古典音乐家的试演中，音乐大师无法在看到选手的情况下对他们的演奏做出公允的评判。只有当屏风挡住选手的时候，大师们的判断力才能展现出其应有的水平。想一想，试演中有多少“信息”是通过“看”得到的？ 70%？ 80%？事实上，大部分信息都是通过视觉系统得到的。但音乐家的试演应该侧重听觉系统的感受。而我们主要还是在看——这位音乐家穿得怎么样？他 / 她是高是矮？他 / 她拿乐器的姿势如何？他 / 她演奏的动作如何？在古典音乐的世界里，一旦移除了音乐大师们能接触到的 80% 的信息，你看，大师们的判断力一下子就提升了。

当我在过去的几年中和别人谈起《眨眼之间》一书时，总是惊讶于这一点被提及之频繁。实际上，我敢说这本书里没有哪一个论点能像它一样引起这么多读者的共鸣。我们生活在一个信息泛滥的时代，指尖总有无限的数据，我们也深知，知道得不够多、功课做得不够足的危险。但我能感觉到，知道得过多、淹没于信息之中是会带来意想不到的后果的，由此也会给我们带来巨大的挫败感。我们混淆了“信息”和“理解”这两个概念。

我最近读了一本宏篇巨著：历史学家罗伯塔 · 沃尔斯特（Roberta Wohlstetter）的《珍珠港事件：预警与决策》（*Pearl Harbor: Warning and Decision*）。珍珠港的美军情报机构被日军打了个措手不及。但沃尔斯特指出，这并不是因为美军未能足够了解日本的企图。相反，他们掌握的信息非常充足。事实上，美军已经破译出了许多关键的日军密码。他们甚至直接掌握了日军的邮件。她认为，这就是问题所在。美军的情报分析员被海量信息淹没了。他们早上上班时，会发现收件箱里有一英尺高的一摞报告。他们看不见整片森林，只能看到一棵一棵的树。与此同时，是谁准确地预测了日本准备在1941年夏秋实施计划的？是记者。一个单纯的《纽约时报》的读者，应该都能比掌握了所有军事密报的情报分析员更准确地理解日本的企图。这并不是说记者就更了解日本，而恰恰是因为他们知道的更少，所以他们才能梳理出自己知道的内容，并从中找出规律。

当我读沃尔斯特的书时，正值“9·11”事件之后进行尸检的时期。每个国会议员都在指责中央情报局、联邦调查局以及国家安全局没有掌握恐怖活动的足够信息，提出需要进一步扩展和强化我们的情报搜集能力。真的是这样吗？我能想到的就是珍珠港事件、“千年挑战”军事演习，当然还有钱斯勒斯维尔战役——胡克掌握了他所能掌握的关于敌军的一切，但这些信息对他并没有什么帮助。做出优质决策的关键不在于信息，而在于理解。我们在信息的海洋里畅游，但却极度缺乏对信息的理解能力。

最后再说一件关于保罗·范里佩尔的事。我在伊拉克战争之前见到了他。我们当时都对未来几年将要发生的事一无所知，但战争的阴云已开始在中东聚集。我永远记得范里佩尔说过的话：他对我说，未来可能在伊拉克发生的战争让他感到紧张。当时，中央政府的人都认为这是一场能轻易取胜的短平快之战。但范里佩尔的经验告诉他，这绝不可能，他认为，在我们向巴格达开战之前，应当意识到这场战争的长期性和艰难性。范里佩尔告诉我，有许多从陆军和海军陆战队退役的同仁都和他持相同的看法。他和其他一些富有军事经验的同僚预知伊拉克战争的未来情势之时所做的，正如伊夫琳·哈里森和托马斯·霍温只瞥了盖蒂博物馆的那尊少年立像一眼便知其真伪时所做的一样。我希望范里佩尔能向所有读者分享他对伊拉克战争的直觉认知。

3. 在什么时候眨眼，又在什么时候思考

《眨眼之间》出版一年后，世界最权威的学术期刊《科学》杂志发表了一篇阿姆斯特丹大学心理学家艾普·迪克特赫斯（Ap Dijksterhuis）和他的同事进行的一项实验结果。迪克特赫斯假定有四辆汽车，并设定了它们的四种不同车型及其性能。例如，一号车油耗低、易驾驶、后备箱大，但音响系统较差；二号车同样油耗低、后备箱大，但车龄老、不好驾驶。在四辆车中，有一辆车的车况明显是最好的。问题是：要给消费者多长时间从这四个选项中选出那辆最好的车？迪克特赫斯对80个人进行了测试，在他们面前的屏幕上播放车辆特征。每名受试者有四分钟的时间思考答案。结果半数以上的受试者都选对了。

然后，他又给另一组人做了同样的测试，但这次他除了给足受试者全部信息，还让他们做填字游戏来分散其注意力。四分钟后，他突然问出和上面的测试相同的问题：你最想要哪辆车？这一次，只有不到一半的受试者选择了正确答案。换句话说，如果你需要做决定，别着急，先想一想。否则，你就会做出错误的决定。事实真的是这样吗？

不一定。迪克特赫斯重做了这个实验。这一次，他分出了12种车型——之前的简单选择现在变得复杂了。这次实验结果如何呢？在这个实验中，经过四分钟的深思熟虑，最终选择了正确车型的只有

20% 的受试者。而在被填字游戏干扰后，被迫做出下意识的、本能的直觉决定的人选对的概率则达到 60%。

自《眨眼之间》出版后，我被问的最多的问题之一就是，什么时候我们该相信本能，什么时候又该深思熟虑地思考问题再做决定？嗯，对于这个问题，我有一个不太完备的答案——对于简单的选项，精心分析是最佳做法；当对问题的分析和个人的选择变得复杂，我们需要面对很多不同的选项时，下意识的思维过程可能更好。我意识到这与我们的习惯截然相反。通常，我们认为那些需要进行快速判断的琐碎的问题适合使用瞬间决断的能力。比如，这个人有吸引力吗？我想不想吃那块糖？但迪克特赫斯的结论恰恰相反：也许在面对相互竞争的多个变量时，我们脑中掌管下意识的大型计算机才会处于最佳运转状态。

迪克特赫斯还做了另一个类似的实验，这次是在现实世界中：他询问了从一家专卖厨房配件等便宜商品的荷兰商场——女王百货（De Bijenkorf）里走出来的购物者。他问他们，在决定购买他们手中的商品之前，他们花了多长时间进行思考。几周后，他再次致电这些购物者，询问他们对所购之物的满意度。果然，在购买之前深思熟虑的消费者的满意度最高，而冲动消费的人通常都对自己的购买决定感到后悔。在实验的后半部分，迪克特赫斯去了宜家家居（IKEA）——消费者会在这里购买更加复杂而昂贵的商品——结果情形完全相反。几周之后，那些反复思考后才掏腰包的人就不那么开心了，而全凭直觉下单的人的满意度最高。迪克特赫斯称，他的实验发现代表了一个人类认知的基本原则，而且“并无先验理性说明这一原则不能推而广之至诸如政治、管理等其他类型的选择中”。在我读了这篇发表在《科学》上的研究后不久，一位读者发给了我一段引自西格蒙德·弗洛伊德的话。这位“潜意识之父”似乎也认同：“当对不太重要的事情做出决定时，我发现充分考虑事情的正反面是有好处的；但对于非常重要的事情而言，比如择偶或者择业，最好是让来自我们内心深处的潜意识做决定。我认为，在个人生活的重要决策中，我们应当让本性中的深层次内在需求来掌控我们的选择。”

你可能已经注意到了，我说迪克特赫斯的研究对于何时启用本能、何时依靠理性分析这个问题来说是个“不太完备的答案”。事实上，针对这个问题，不管是我还是其他任何人都无法给出明确的答案——它太过复杂了。我想，我们能做的就是具体问题具体分析，找出适合每个具体案例的有意识和潜意识分析的正确组合。

例如，库克郡医院帮助他们的急诊室医生更好地诊断胸痛症状一事。此前，这里的内科医生对于心脏病患者的初步判断都不太准确。然后发生了什么呢？心脏病专家李·戈德曼通过一个强大的计算方程式梳理了有关心脏病患者的海量数据，最终发现了最有助于诊断胸痛的几个关键因素。布伦丹·赖利运用这个研究成果重新训练了医生们的瞬间决断能力。需要指出的是，赖利并不指望彻底替代医生们原来的瞬间决断能力。他仍然需要他们对患者的身份和需求进行辨别，推断如果患者不是心脏病又是什么问题，并在最佳诊疗方案等方面做出快速判断。赖利只是说，在诊断胸痛症状时，最佳决策来自理性分析和临床诊断的结合——通过将计算机理性分析的优势发挥到极致，找出海量数据中的统计形态；同时，充分发挥人类临床诊断的优势，将一般的数据经验应用到特定的情形和个体身上。

我认为，弄懂如何将有意识的思考和本能的判断进行最佳组合，是我们这个时代面临的最严峻的挑战之一。如果你是一名教师，在你决定如何对待你的其中一名学生时，其标准测验的成绩对你的决策有多大影响？你对这名学生的学习动机、态度及其前途的个人判断又对你的决策有多大影响？如果你是一名企业家，并且要决定是否再冒险做一个新产品，在针对现有市场的理性分析情报和本能地相信自己的新理念拥有的潜力之间，你该如何进行权衡？

不久前，我为《纽约客》杂志写了一篇书评，评论了一本特别有趣的书，叫作《成功的代价》（*The Wages of Wins*）。它是大卫·贝里（David Berri）、马丁·施密特（Martin Schmidt）、史黛丝·布鲁克（Stacey Brook）这三位经济学家的一次尝试，他们在书中提出了一种更为精妙的评估职业篮球运动员的统计度量法——“胜利分数”（Win Score）。这套评分系统基于一个将得分、助攻、篮板、失误和投篮命中率组合在一起的复杂等式。

他们发现，当用“胜利分数”等式计算职业篮球运动员的得分时，那些被认为非常优秀的球员的得分却很平庸，而那些被认为平庸的运动员的分数却出乎意料地高。最突出的例子之一就是费城 76 人队的前队员阿伦·艾弗森（Allen Iverson）——他常年都是全明星球员，还获得过一次 NBA 最有价值球员称号；球迷们都认为，艾弗森是联赛中的顶级球员之一——而根据经济学家的分析结果，他甚至没能挤进前 50 名中。由此可见，使用基于理性分析的工具真的会颠覆我们的直觉。

这篇书评发表后，我收到了铺天盖地的质疑邮件。原来，很多球迷都拒绝相信一套统计工具可以帮助他们了解球员的优劣。对于这个问题，他们认为自己的直觉能提供更好的答案。难道《眨眼之间》的作者不也应该相信这一点吗？

未必。实际上，评估篮球运动员就是我前面提到过的内容的一个很好的例证，即了解何时依赖或不依赖本能十分必要。仔细想想，其实我们有两种截然不同的运动员评估方式。我们可以根据运动员的场上表现，也就是他 / 她在某一场比赛、系列赛或一个赛季的表现如何来对其进行评估。这样的评估很难依靠直觉进行。首先，直觉判断依赖于经验，但我们并未亲身经历篮球场或棒球场上发生的一切。我们错过了很多信息。我们不可能观看每一场比赛，也不可能看到一场比赛中发生的所有事情。此外，我们试图评估的很多东西都非常微妙。经济学家们指出，棒球传奇人物泰 · 柯布（Ty Cobb）一生的平均打击率是 0.366，几乎比一生平均打击率 0.338 的前圣地亚哥“教士”队外场手托尼 · 格温（Tony Gwynn）高出 0.03 个点。“所以柯布能击出 37% 的安打，而格温的安打率仅为 34%。如果只是观看他们的比赛，你能说出谁是更好的球员吗？你能仅仅通过盯着他们的场上表现来辨别 37% 和 34% 之间的区别吗？不凭借统计数字来评估球员的问题就在这里：在每 100 次击球中，柯布会比格温多打出三次安打——就是这样，三次安打。”这就是为什么我们在体育运动中坚持进行数据统计的原因，这也是对诊断心脏病发作的所有因素在计算机上进行分析的意义所在——在某些情况下，人类的大脑需要一点“外援”。

但是，对于了解一个运动员的优劣来说，了解其在比赛中的统计表现仅仅是一个很小的部分；还有一个能力问题：他在成为一名成功运动员方面的技能和特质如何？他的训练有多努力？他是一个好队友吗？他是整夜在外酗酒吸毒，还是认真对待自己的职业生涯？他愿意向教练学习吗？面对逆境，他的韧性有多强？当承受着最大的压力、比赛正处于焦灼状态时，他的表现如何？随着时间的推移，他的表现会变得更好吗，还是已经达到峰值了？我想，我们都认同这类问题比简单的赛场表现统计指标要复杂得多，也与其同样重要，特别是在涉及高深莫测的职业体育世界时。想象一下，你正看着 17 岁的迈克尔·乔丹。他不是最高或者最壮的篮球运动员，他的起跳也不是最好的。他的各项数据都不是全国最佳。迈克尔·乔丹与同行的不同之处在于他的态度和动力，而这些品质是不能用正式的测试和统计数据来衡量的。它们只能通过实战进行判断，由一位拥有多年经验的专家利用其头脑中的大型潜意识数据库得出结论——是的，他们有这样的品质，或者不，他们没有这样的品质。最棒、最成功的篮球队和其他任何最棒、最成功的组织一样，懂得如何将理性分析与直觉判断结合起来。盖蒂博物馆请来律师、地质学家和考古学家的这一做法并没有错，他们错在只依赖于这方面的专业知识。

4. 行动倡议

在我的第一本书《引爆点》中，我试图为那些对创造社会变革感兴趣的人制订一个行动计划。它并不完全是一个公式（因为我认为这个世界远比公式神秘）。我的本意是将其作为一本指南。《眨眼之间》

显然是一本不同类型的书。我的本意并非将它作为一本整齐划一的行动倡议，我认为这是一个简单的冒险故事——一次进入我们潜意识中的奇妙之旅。但在本书出版后的这段时间里，当我与读者交流并重新审视我的一些想法时，我意识到《眨眼之间》也带有一个社会议题。

我回想得最多的故事是结尾中的一个：盲眼试演的故事和阿比·科南特与慕尼黑爱乐乐团的交锋。这个故事吸引我的原因很简单：其解决了古典音乐界的一大难题。在盲眼试演出现之前，美国大型交响乐团中女性人数的比例不到 5%。20 年后的今天，这一比例接近 50%。这一项成就不可谓不大。试想在使用屏风以前，你我曾是某个委员会的成员，该委员会主要负责解决大型交响乐团中歧视女性的严重问题。我们会提出什么样的建议呢？我想，我们会讨论为音乐界的女性创立赞助性行动计划，我们会讨论消除性别偏见的宣传项目，以及如何教会女性音乐家更加自信地证明自己的能力，我们还会长时间探讨社会歧视问题。换句话说，我认为，我们提出的变革建议会是全球性和长期性的。想想看，最后我们会遇到什么样的问题。管弦乐队由音乐大师运营，他们往往十分强大、才华横溢。其固有思想也往往是根深蒂固的，会像管理私人领地一样管理乐队。这不是说我们可以直接走到大师面前，对他说："大师，您不认识我，说实话，我对古典音乐也了解不多，但我真的认为，您之所以不录用女性，是因为您对女性抱有强大的、潜藏的偏见。"我怀疑，在漫长的会议结束后，我们可能会举起手来说，只需要等到那些对女性有根深蒂固偏见的当代大师被一批更年轻、思想更开明的乐队指挥取代就行了。

但实际发生了什么呢？古典音乐界的专家们在试演中加入了直觉

判断，从而解决了这个问题。他们的关注点并不只在做出快速决断的人身上，还查验了做出快速决断的环境，也就是无意识环境。然后，他们拉开了屏风，当场解决了这一难题。

如果说我对《眨眼之间》一书有什么期望的话，那就是让它来帮助分析和解决这种实际问题。举个例子，美国刑事司法系统的一个显著特点是，黑人因犯罪而被捕、定罪、入狱的可能性比白人高得多。我在这里不是要谈论总体犯罪率中的种族差异。我所要说的是，假如一个白人和一个黑人被指控犯有相同的与毒品有关的罪行，那么黑人比白人更有可能入狱。这一差异有多大？以下是摘录自非盈利性机构“人权观察”（Human Rights Watch）的一份近期报告：“在全国范围内，黑人男性因毒品问题进入州立监狱的百分比是白人男性的 13 倍。有十个州的黑人男性因毒品指控而进入州立监狱的比例是同州白人男性的 26 至 57 倍。例如，在黑人男性毒品罪犯入狱比率最高的伊利诺伊州，黑人男子因毒品指控入狱的可能性是白人男子的 57 倍。”

这些数字非同寻常。但我认为，如果读了《眨眼之间》，你会发现它们一点儿也不令人惊讶。这与伊恩·艾尔斯研究芝加哥汽车销售员对待黑人男性态度时的发现没有什么不同。我认为那项研究中的汽车推销员并不是有意歧视黑人男性的。但他们确实那样做了——在我们大脑的深层区域确实存在对黑人的偏见，而那些汽车销售员正是受到了那些偏见的影响，这些潜意识中的想法和有意识的观念对我们行为造成的影响是相同的。在刑事司法系统中，同样会发生对黑人的偏见。司法应该是盲目的，应该看不见人们的肤色。但事实上，它并不是。

那么，我们应该怎么做呢？嗯，我们可以在接下来的20年里努力解决社会中的无意识种族偏见这个根本问题。或者，我们可以尝试以一种直接且实用的方式，修补那些因为有缺陷而扭曲了司法公正的快速决断。如果法律界向古典音乐界学习又会怎么样呢？

如果我们在法庭上装上屏风会怎么样？西方世界的陪审团制度是基于一种可以回溯至古代的理念：被告有权与原告对质，并由陪审团进行审判。当时的人们认为，为了实现正义，陪审团、原告和被告都必须见到彼此。但现在我们知道得更多了：我们知道了自己看到的东西——特别是肤色、性别或年龄——并不总是有助于我们的理解的。有时候，我们可以用更少的信息做出更好的判断。我认为，刑事审判中的被告不应该出现在法庭上。他/她应该在另一个房间里，通过电子邮件或中间人回答问题。我认为审判中所有让陪审团知晓被告年龄、种族或性别的证据和证词都应该被删除。

几个月前，我在哈佛大学法学院做了一场演讲，向一群全美国最睿智的年轻人阐述了我的这个想法。我本以为他们会对此持怀疑态度，但他们没有。尽管许多人对这一想法的实用性，或者它最终会带来多大的不同提出了合理的担忧，但似乎所有人都认同，我们对此必须有所行动，从而缩小在法律体系中根据肤色确定待人方式的可耻差异。这才是《眨眼之间》真正要教会我们的：仅仅探索我们潜意识的隐秘之处是远远不够的。一旦我们了解了大脑的运作模式，以及人类判断力的优势和劣势，我们就有责任行动起来。

（何珊　译）

注释

序言 别扭的雕像

1. 红蓝牌赌博实验见于 Antoine Bechara, Hanna Damasio, Daniel Tranel, and Antonio R. Damasio, "Deciding Advantageously Before Knowing the Advantageous Strategy," *Science 275* (February 1997): 1293–1295。这个实验实际上是探讨各种有趣话题的一种很好的方式。更多信息，请参阅 Antonio Damasio，*Descartes' Error* (New York: HarperCollins, 1994), 212。

"多快好省法"背后的理念请参见 Gerd Gigerenzer, Peter M. Todd, and the ABC Research Group, *Simple Heuristics That Make Us Smart* (New York: Oxford University Press, 1999)。

2. 心理学家蒂莫西·威尔逊对适应性潜意识进行了广泛的思考，并对大脑中的"计算机"进行了最容易理解的描述。我从他的精彩著作中受益良多，参见 Timothy Wilson，*Strangers to Ourselves: Discovering the Adaptive Unconscious* (Cambridge, Mass.: Harvard University Press, 2002)。威尔逊还详细探讨了爱荷华州的赌博实验。

3. 关于心理学家安贝蒂对教师的研究，请参见 Nalini Ambady and Robert Rosenthal, "Half a Minute: Predicting Teacher Evaluations from Thin Slices of Nonverbal Behavior and Physical Attractiveness," *Journal of Personality and Social Psychology* 64, no. 3(1993): 431–441。

4. 马戈利斯在《科学美国人》杂志上发表了一篇洋洋自得的文章：Stanley V. Margolis, "Authenticating Ancient Marble Scuplture," *Scientific American* 260, no.6 (June 1989):104-110。

5. 关于盖蒂博物馆少年立像的故事在许多地方都有讲述。最值得一读的是托马斯·霍温的 *False Impression: The Hunt for Big Time Art Fakes* (London: Andre Deutsch, 1996) 第 18 章。在雅典见到过该少年立像的艺术专家的论述被收录于 *The Getty Kouros Colloquium: Athens, 25–27 May 1992* (Malibu: J. Paul Getty Museum and Athens: Nicholas P. Goulandris Foundation, Museum of Cycladic Art, 1993)。另见 Michael Kimmelman, "Absolutely Real?Absolutely Fake?" *New York Times*, August 4, 1991; Marion True, "A Kouros at the Getty Museum," *Burlington Magazine* 119, no. 1006 (January 1987): 3–11; George Ortiz, *Connoisseurship and Antiquity: Small Bronze Sculpture from the Ancient World* (Malibu: J. Paul Getty Museum, 1990), 275–278; 以及 Robert Steven Bianchi, "Saga of the Getty Kouros," *Archaeology* 47, no. 3 (May/June 1994): 22–25。

1 薄片理论：小知识，大不同

1. 约翰·戈特曼撰写了很多关于婚姻和两性关系的文章。相关梗概，请访问 www.gottman.com。关于薄片理论，请参见 Sybil Carrère and John Gottman, "Predicting Divorce Among Newlyweds from the First Three Minutes of a Marital Conflict Discussion," *Family Process* 38, no. 3(1999): 293–301。

2. 欲获知更多有关奈杰尔·韦斯特的信息，请登录 www.nigelwest.com。

3. 关于婚姻顾问和心理学家是否能准确判断婚姻的未来，请参见 Rachel Ebling and Robert W. Levenson, "Who Are the Marital Experts?" *Journal of Marriage and Family* 65, no. 1(February 2003): 130–142。

4. 关于寝室的研究，请参见 Samuel D. Gosling, Sei Jin Ko, et al., "A Room with a Cue: Personality Judgments Based on Offices and Bedrooms," *Journal of Personality and Social Psychology* 82, no. 3 (2002): 379–398。

5. 关于医疗事故诉讼和内科医师的问题，请参见伯克利·赖斯（Berkeley Rice）对杰弗里·艾伦（Jeffrey Allen）和艾丽斯·布尔金（Alice Burkin）的采访：Berkeley Rice, "How Plaintiffs' Lawyers Pick Their Targets," *Medical Economics*

(April 24, 2000)，以及 Wendy Levinson et al., “Physician-Patient Communication: The Relationship with Malpractice Claims Among Primary Care Physicians and Surgeons,” *Journal of the American Medical Association* 277, no. 7 (1997): 553–559; and Nalini Ambady et al., “Surgeons’ Tone of Voice: A Clue to Malpractice History,” *Surgery* 132, no. 1(2002): 5–9。

2 潜意识密室：瞬间决断的秘密

1. 关于霍温对贝伦森等的看法，请参见 *False Impressions: The Hunt for Big Time Art Fakes* (London: Andre Deutsch, 1996), 19–20。

2. 关于乱句重组测试，请参见 Thomas K. Srull and Robert S. Wyer, “The Role of Category Accessibility in the Interpretation of Information About Persons: Some Determinants and Implication,” *Journal of Personality and Social Psychology* 37 (1979): 1660-1672。

3. 约翰·巴格的精彩研究请参见 John A. Bargh, Mark Chen, and Lara Burrows, “Automaticity of Social Behavior: Direct Effects of Trait Construct and Stereotype Activation on Action,” *Journal of Personality and Social Psychology* 71, no. 2 (1996): 230–244。

4. 关于“寻根问底”益智游戏的研究，请参见 Ap Dijksterhuis and Ad van Knippenberg, “The Relation Between Perception and Behavior, or How to Win a Game of Trivial Pursuit,” *Journal of Personality and Social Psychology* 74, no. 4 (1998): 865–877。

5. 关于黑白肤色测试表现和种族诱导研究，请参见 Claude Steele and Joshua Aronson’s “Stereotype Threat and Intellectual Test Performance of African Americans,” *Journal of Personality and Social Psychology* 69, no. 5(1995): 797–811。

6. 赌博研究被收录于安东尼奥·达马西奥的精彩著作中：*Descartes’*

Error: Emotion, Reason, and the Human Brain (New York: HarperCollins, 1994), 193。

7. 关于摇摆绳实验，请参见 Norman R. F. Maier. “Reasoning in Humans: II. The Solution of a Problem and Its Appearance in Consciousness,” *Journal of Comparative Psychology* 12 (1931): 181–194。

3　沃伦·哈丁假象：我们为何会对高挑而黝黑的俊男倾心

1. 有很多关于沃伦·哈丁的优秀书籍，包括：Francis Russell, *The Shadow of Blooming Grove: Warren G. Harding in His Time* (New York: McGraw-Hill, 1968); Mark Sullivan, *Our Times: The United States* 1900–1925, vol. 6, *The Twenties* (New York: Charles Scribner's Sons, 1935), 16; Harry M. Daugherty, *The Inside Story of the Harding Tragedy* (New York: Ayer, 1960); and Andrew Sinclair, *The Available Man: The Life Behind the Masks of Warren Gamaliel Harding* (New York: Macmillan, 1965)。

2. 有关内隐联想测试（IAT）的更多信息，请参见 Anthony G. Greenwald, Debbie E. McGhee, and Jordan L. K. Schwartz, “Measuring Individual Differences in Implicit Cognition: The Implicit Association Test,” *Journal of Personality and Social Psychology* 74, no. 6(1998): 1464–1480。

3. 有关身高问题的出色论述，请参见 Nancy Etcoff, *Survival of the Prettiest: The Science of Beauty* (New York: Random House, 1999), p.172。

4. 关于身高与薪水的研究请参见 Timothy A. Judge and Daniel M. Cable, “The Effect of Physical Height on Workplace Success and Income: Preliminary Test of a Theoretical Model,” *Journal of Applied Psychology* 89, no. 3(June 2004): 428–441。

5. 关于芝加哥汽车销售员的研究，请参见 Ian Ayres, *Pervasive Prejudice? Unconventional Evidence of Race and Gender Discrimination* (Chicago: University of Chicago Press, 2001)。

6. 关于对抗偏见的证据，请参见 Nilanjana Dasgupta and Anthony G. Greenwald, “On the Malleability of Automatic Attitudes: Combating Automatic Prejudice with Images of Admired and Disliked Individuals,” *Journal of Personality and Social Psychology* 81, no. 5 (2001): 800–814。其他一些研究也展示了类似的效果，包括：Irene V. Blair et al., “Imagining Stereotypes Away: The Moderation of Implicit Stereotypes Through Mental Imagery,” *Journal of Personality and Social Psychology* 81, no. 5(2001): 828–841; and Brian S. Lowery and Curtis D. Hardin, “Social Influence Effects on Automatic Racial Prejudice,” *Journal of Personality and Social Psychology* 81, no. 5(2001): 842–855。

4 保罗·范里佩尔之大获全胜：为自发行为定框架

1. 威廉 · A. 欧文斯对蓝军的作战理念有很精彩的描述，请参见 William A. Owens, *Lifting the Fog of War* (New York: Farrar, Straus, 2000), II。

2. 克莱因关于决策的经典著作为 Gary Klein, *Sources of Power* (Cambridge, Mass.: MIT Press, 1988)。

3. 关于即兴表演的规则，请参见 Keith Johnstone, *Impro: Improvisation and the Theatre* (New York: Theatre Arts Books, 1979)。

4. 关于“语言屏蔽”，请参见 Jonathan W. Schooler, Stellan Ohlsson, and Kevin Brooks, “Thoughts Beyond Words: When Language Overshadows Insight,” *Journal of Experimental Psychology* 122, no. 2 (1993): 166–183。

5. 消防员的故事及其他故事请参见 Gary Klein，*Sources of Power* (Cambridge, Mass.: MIT Press, 1998) 的第四章“直觉的力量”（The Power of Intuition）。

6. 有关赖利的研究，请参见 Brendan M. Reilly, Arthur T. Evans, Jeffrey J. Schaider, and Yue Wang, “Triage of Patients with Chest Pain in the Emergency

Department: A Comparative Study of Physicians' Decisions," *American Journal of Medicine* 112 (2002): 95–103; and Brendan Reilly et al., "Impact of a Clinical Decision Rule on Hospital Triage of Patients with Suspected Acute Cardiac Ischemia in the Emergency Department," *Journal of the American Medical Association* 288 (2002): 342–350。

7. 戈德曼已就他的算法写了几篇论文，包括 Lee Goldman et al., "A Computer-Derived Protocol to Aid in the Diagnosis of Emergency Room Patients with Acute Chest Pain," *New England Journal of Medicine* 307, no. 10 (1982): 588–596; and Lee Goldman et al., "Prediction of the Need for Intensive Care in Patients Who Come to Emergency Departments with Acute Chest Pain," *New England Journal of Medicine* 334, no. 23(1996): 1498–1504。

8. 关于性别和种族的思考，请参见 Kevin Schulman et al., "Effect of Race and Sex on Physicians' Recommendations for Cardiac Catheterization," *New England Journal of Medicine* 340, no. 8 (1999): 618–626。

9. 关于奥斯坎普的著名研究，请参见 Stuart Oskamp, "Overconfidence in Case Study Judgments," *Journal of Consulting Psychology* 29, no. 3 (1965): 261–265。

5　肯纳的窘境：如何了解人们的需求

1. 迪克·莫里斯的回忆录为 Dick Morris,*Behind the Oval Office: Getting Reelected Against All Odds* (Los Angeles: Renaissance Books, 1999)。

2. 关于可口可乐的故事，请参见 Thomas Oliver, *The Real Coke, the Real Story* (New York: Random House, 1986)。

3. 有关切斯金的更多信息，请参见 Thomas Hine, *The Total Package: The Secret History and Hidden Meanings of Boxes, Bottles, Cans, and Other Persuasive Containers* (New York: Little, Brown, 1995); Louis Cheskin and L. B. Ward,

"Indirect Approach to Market Reactions," *Harvard Business Review* (September 1948)。

4. 萨莉·比德尔·史密斯为西尔弗曼写的传记为 Sally Bedell Smith, *Up the Tube: Prime-Time TV in the Silverman Years* (New York: Viking, 1981)。

5. 有关更多果酱品鉴的内容，请参见 Timothy Wilson and Jonathan Schooler, "Thinking Too Much: Introspection Can Reduce the Quality of Preferences and Decisions," *Journal of Personality and Social Psychology* 60, no. 2 (1991): 181–192; "Strawberry Jams and Preserves," *Consumer Reports*, August 1985, 487–489。

6. 西维尔和赫尔曼的食物鉴赏方式在以下文章中有进一步阐释：Gail Vance Civille and Brenda G. Lyon, *Aroma and Flavor Lexicon for Sensory Evaluation* (West Conshohocken, Pa.: American Society for Testing and Materials, 1996); Morten Meilgaard, Gail Vance Civille, and B. Thomas Carr, *Sensory Evaluation Techniques*, 3rd ed. (Boca Raton, Fla.: CRC Press, 1999)。

6　布朗克斯区的七秒：心智解读的精妙艺术

1. 有关心智解读的更多信息，请参见 Paul Ekman, *Telling Lies: Clues to Deceit in the Marketplace, Politics, and Marriage* (New York: Norton, 1995); Fritz Strack, "Inhibiting and Facilitating Conditions of the Human Smile: A Nonobtrusive Test of the Facial Feedback Hypothesis," *Journal of Personality and Social Psychology* 54, no. 5 (1988): 768–777; and Paul Ekman and Wallace V. Friesen, *Facial Action Coding System, parts 1 and 2* (San Francisco: Human Interaction Laboratory, Dept. of Psychiatry, University of California, 1978)。

2. 克林曾凭借《灵欲春宵》进行了大量的研究。最全面的可能是这篇：Ami Klin, Warren Jones, Robert Schultz, Fred Volkmar, and Donald Cohen, "Defining and Quantifying the Social Phenotype in Autism," *American Journal of Psychiatry* 159 (2002): 895–908。

3. 关于心智解读，还可参见 Robert T. Schultz et al., “Abnormal Ventral Temporal Cortical Activity During Face Discrimination Among Individuals with Autism and Asperger's Syndrome,” *Archives of General Psychiatry* 57 (April 2000)。

4. 警察开枪的故事摘自戴维·克林格引人入胜的著作 David Klinger, *Into the Kill Zone: A Cop's Eye View of Deadly Force* (San Francisco: Jossey-Bass, 2004)。

5. 戴夫·格罗斯曼的系列精彩视频名为 *The Bulletproof Mind: Prevailing in Violent Encounters...and After*。

6. 关于二人巡逻，请参见 Carlene Wilson, Research on *One- and Two-Person Patrols: Distinguishing Fact from Fiction* (South Australia: Australasian Centre for Policing Research, 1991); Scott H. Decker and Allen E. Wagner, “The Impact of Patrol Staffing on Police-Citizen Injuries and Dispositions,” *Journal of Criminal Justice* 10 (1982): 375–382。

7. 一些研究探索了种族偏见和枪支问题，其中包括：B. Keith Payne, Alan J. Lambert, and Larry L. Jacoby, “Best-Laid Plans: Effects of Goals on Accessibility Bias and Cognitive Control in Race-Based Misperceptions of Weapons,” *Journal of Experimental Social Psychology* 38 (2002): 384–396; Alan J. Lambert, B. Keith Payne, Larry L. Jacoby, Lara M. Shaffer, et al., “Stereotypes as Dominant Responses: On the ‘Social Facilitation’ of Prejudice in Anticipated Public Contexts,” *Journal of Personality and Social Psychology* 84, no. 2 (2003): 277–295; Keith Payne, “Prejudice and Perception: The Role of Automatic and Controlled Processes in Misperceiving a Weapon,” *Journal of Personality and Social Psychology* 81, no. 2 (2001): 181–192; Anthony Greenwald, “Targets of Discrimination: Effects of Race on Responses to Weapons Holders,” *Journal of Experimental Social Psychology* 39 (2003): 399–405; and Joshua Correll,

Bernadette Park, Charles Judd, and Bernd Wittenbrink, "The Police Officer's Dilemma: Using Ethnicity to Disambiguate Potentially Hostile Individuals," *Journal of Personality and Social Psychology* 83(2002): 1314–1329。这项研究是关于一款电子游戏的：在游戏中，白人和黑人将分别处于一个在安全性上模棱两可的位置上，玩家必须决定是否射击。这项研究的结果相当发人深省。

结尾　用眼睛倾听：《眨眼之间》教给我们的箴训

1. 关于科南特的故事可参见科南特丈夫威廉·奥斯本的相关描述：William Osborne，"You Sound like a Ladies Orchestra"。

2. 下面的文章对于理解古典音乐界的变化特别有帮助：Evelyn Chadwick, "Of Music and Men," *The Strad* (December 1997): 1324–1329; Claudia Goldin and Cecilia Rouse, "Orchestrating Impartiality: The Impact of 'Blind' Auditions on Female Musicians," *American Economic Review* 90, no. 4 (September 2000): 715–741; Bernard Holland, "The Fair, New World of Orchestra Auditions," *New York Times*, January 11, 1981。

（何珊　译）

供讨论的问题和话题

1 薄片理论：小知识，大不同

1. 你是否有过这样的一种感觉：一对夫妻将来是幸福美满还是劳燕分飞，只需一瞥他们之间的交流方式便可知晓？你对自己观察到的内容作何感想？

2. 许多夫妻会找心理治疗师、牧师、拉比等进行婚姻咨询，但你是否认为两个人在婚前去见见约翰·戈特曼会更好？戈特曼是一位心理学家，他能通过观察两个人在一小时内的交流互动，预测他们15年后是否还会在一起，准确率高达95%。如果你即将结婚，或者可以回到婚前的时光，你会不会去找戈特曼咨询，看看他会如何预测你的婚姻？

3. 本章的核心论点是潜意识能够基于非常“薄”的经验“切片”找出情景和行为的模式。这就是所谓的“薄片分析法”（thin-slicing）。有没有什么现象是不适用“薄片分析法”的？

4. 戈特曼可以通过识别夫妻间的行为模式来解读他们之间的关系，并判断他们将来是否会离婚。我们是否能改变自己自然而然的、潜意识里的行为模式？如果我们可以掌握自己和伴侣的相处模式，是否就可以避免分手的宿命了呢？

5. 你是否认为在一个简短的面试中，运用“薄片分析法”对候选人进行筛选，就能确定录取对象？或者，你是否认为这种情形只适用于某些特定的职业或特殊群体？

6. 心理学家塞缪尔·戈斯林通过寝室参观实验展示了如何使用“薄片分析法”来评判人的个性。现在，秀出你的卧室，看看会得到怎样的评价。

7. 通过快速翻看某人的音乐播放器或者浏览他/她的书架能让我们获知更多关于他/她的个人信息，除此之外，还有哪些类型的“薄片分析法”可以揭示某人个性的不同方面？

2 潜意识密室：瞬间决断的秘密

1. 艺术史学家伯纳德·贝伦森和亿万富翁乔治·索罗斯就是熟练运用“薄片分析法”的范例。他们都曾在高压下仅基于一阵耳鸣或者一阵背痛就做出了瞬间决断。你自己或者你认识的人是否也经历过由某种难以解释的生理感受带来的成功决策？

2. “诱导行为”是指在你没有意识到任何变化的情况下影响你行为的因素。其中一个案例发生在西班牙，有关部门在地铁中播放古典音乐后，发现故意破坏公共财物和乱扔垃圾的行为显著减少了。你能想到其他与“诱导行为”相关的情形吗？

3. 学校是否应当引入“诱导行为”这一概念，以此来鼓励学生的更好的表现或者更勤奋努力的行为模式？服务业呢？雇主是否能“诱导”员工以更礼貌的态度对待顾客？

4. 如果个体的行为是在其本人不知情的情况下受到影响的，那么应当如何操控这种“诱导行为”呢？多年前，电影院会在首映播出时通过潜意识广告促使观众在影院小卖部购买零食，此举曾引发争议，“诱导行为”与此有何不同？

5.“艾扬格—菲斯曼”的研究揭示，在同一时刻，闪电约会对象嘴上说他们想要的，和真正吸引他们的人并不一致。这说明了在线约会服务的什么问题？我们真的能预测什么类型的人适合自己吗？相比于参看个人档案来判断约会对象是否符合自己的择偶标准，是否让朋友帮忙决定谁更适合你更好一点？

6. 你现在的配偶 / 伴侣符合你当初的设想吗？在你的约会对象中是否有和你之前认为有吸引力的人完全相反的类型？你是否直接问过对方：“你是什么类型的人？”

3 沃伦·哈丁假象：我们为何会对高挑而黝黑的俊男倾心

1. 沃伦·哈丁假象揭示了“薄片分析法”的阴暗面——也就是直觉背叛了我们，快速认知出了岔子。看看 1920 年的美国总统选举的例子，我们可以说这类假象在今天的政治选举中仍在发生吗？

2. 内隐联想测试展示了潜意识的态度可能会完全背离已阐明的、有意识的价值观。有一种说法是，我们——比如无意识地针对某些特定类别的潜在客户开出高价的汽车销售员，或似乎更倾向于高个子男士出任 CEO 的企业——对特定的行为不负有责任，因为这些结果都来自社会的影响，而非个人信仰。你是否认为这种说法似乎有点道理？

3. 你是否接受“我们完全忽视了由潜意识驱动的行为”这一论点（比如内隐联想测试里令人不安的结果表明，80% 的受试者都对白人有积极的联系）？这会不会只是一个方便将偏见合理化的借口？

4　保罗·范里佩尔之大获全胜：为自发行为定框架

1. 范里佩尔相信，在一场战斗中，战略和复杂的理论既不适用，也完全无效。他说："战争的不确定性和时间的紧迫性使我们不可能仔细而冷静地比对各种选择。"还有没有其他的"工作"场景也是不太需要理性分析，反而要求即时的"战场"决策的？

2. 一个人是否能真正准备好应对决定性的、需快速反应的情景？为不可预知的事情做准备是否值得，还是白白浪费了我们的时间和精力？

3. 如果即兴喜剧像运动项目一样受到规则的约束，并且要有规定动作，还有人能成为脱口秀演员吗？是否有人天生更擅长做出快速反应，更能熟练地释放自发性？

4. 范里佩尔说："理性分析和直觉判断没有什么可比性，二者并无好坏之分。但如果将它们用在不适当的环境里，那可就不好了。"然而，决策仅仅和环境相关吗，还是和做决策的人的个性更相关？例如，如果你是一个更理性、更具逻辑思维的人，而非犹豫不决、依赖本能反应的人，环境对你的决策会有更大的影响吗？

5　肯纳的窘境：如何了解人们的需求

1. 肯纳的音乐和 Aeron 办公椅的案例告诉我们，第一印象经常会把我们"带偏"。我们一开始就不赞成的，可能只是因为对新鲜的、与众不同的事物产生的困惑与不信任。如何区分受未知的恐惧刺激而做出的决定和出于真正的厌恶做出的决定？把这个问题留给专家，请他们来告诉我们答案是否会更好？

2. 如果我们对一项新产品或一个人做了个人投资会怎么样？我们能否区分“激情决策”和直觉判断？如果可以，应当如何做到这一点？

3. 你是否相信潜意识反应来自一个“密室”，而我们无法真正看清其内部？我们能否完全了解自己，理解我们的每一个行动背后的动机和原因？如果某人宣称他/她完全了解自己的内心活动，是因为他/她有着高度的自我意识还是只是他/她的痴心妄想？如果我们无法看透那间“密室”并无法全然明白自己为何会做出那样的反应，精神病学岂不是一个被高估但实际效果有限的研究领域了吗？

6 布朗克斯区的七秒：心智解读的精妙艺术

1. 迪亚洛枪击事件证明了心智解读的失败。它揭示了人类认知的灰色地带：也就是“故意”和“意外”之间的地带。你认为这场枪击案更像是故意杀人还是一场意外事件？

2. 心智解读失败的根源在于无数的争吵、误解和伤人的话语。通常人们会用“开个玩笑而已”这样带有讽刺意味或伤害感情的话来当作借口。但如果“故意”和“意外”之间没有明确的界线，你是否认同玩笑中总是包含了部分认真的因素？你是否认为，当我们误解了他人并变得愤怒时，实际上我们只是识别出了那个人身上有我们不希望出现在自己身上的东西？

3. 埃克曼和弗里森为解读面部表情所做的工作揭示了我们脸上表露的信息不仅仅是一个传递内心活动的信号，而是展示了我们当下的内心世界。但政治家、名人以及其他经常活动在公众视野里的人物呢？你是否相信他们是在表露真情实感，还是只是在面对镜头时装模作样，从而否定了埃克曼和弗里森的表情理论？对于极端禁欲主义者来说又如何呢？他们会不会压缩自己的情绪，使之符合他们有限的面部表情？你是否当过“两面派”，或者看到过其他人刚说完一个人的坏话，转头又热情洋溢地招呼那个人？这种“友好的”表情是虚伪的表现，还是一种补偿行为？

4. 自闭症患者只能按照字面意思来解读他们周遭的环境。和大多数人不同，他们在与人交谈时，并不会看着对方的眼睛，于是他们便无法注意到埃克曼仔细记录的那些表情的细微差异。你怎么看待在交谈中避免眼神接触的人？你认为这会如何影响他们理解或解读说话者意图的能力？能否将躲避的眼神解释为谎言的信号？

5. 你是否经历过“思维盲区”时刻，即在充满压力或者令人困惑的情况下，你的行为就像暂时性自闭症的症状？如果思维盲区发生在极端兴奋点，这是否就能解释人们为何容易在一时冲动之下“丧失理智”，例如，说一些言不由衷的话，或者背叛自己的伴侣？

6. 我们总是想知道，某些个体是如何在特定情形下成为英雄的，比如冲进火场的消防员、在紧急关头实施手术的急诊室医生等。你是否认为，人和动物之间的差别就在于人可以在极端高压或兴奋的时刻掌控自己的反应？

7. 这项技能可以习得吗？你是否对它感兴趣，并想要加以练习呢？你是否认为这是一项可以提升的技能呢？

结尾　用眼睛倾听：《眨眼之间》教给我们的箴训

1. 纽约大都会歌剧院的成员曾对新来的法国号演奏者是位女性一事感到震惊。同样地，你是否认为，尽管当今社会在种族、性别的平等上已经取得了一定的进步，但我们仍然在用目之所视、耳之所闻来评判他人，而非直觉？我们对事件、他人、问题等的解读，是否经过了内在观点和信仰的过滤？在认识到这些以后，提升快速认知的力量能否最终改变现实？

（何珊　译）

对话马尔科姆·格拉德威尔

《眨眼之间》的主要内容是什么？

这是一本关于快速认知的书，讲的是在眨眼之间出现的想法。当你第一次见到某人，或走进一套你想买的房子，或阅读一本书的开头几句话时，你的内心会花上大概两秒钟的时间直接得出一系列的结论。《眨眼之间》讲的就是这两秒钟，因为我觉得我们的这种瞬间决断能力真的非常强大、非常重要，有时候也非常棒。

你可以说这是一本关于直觉的书，但我并不喜欢“直觉”这个词。事实上，在《眨眼之间》一书中我极少用到这个词。对我来说，“直觉”这一概念是用来描述情绪反应和直观感受的，也就是那些并不完全理性的想法和印象。但我认为，这最初两秒内的所思所想则是完全理性的。它就是一种想法，只不过我们通常认为审慎的、有意识的决断才是“想法”，而这两秒内的想法要比一般的“想法”出现得更快、其运作方式也更为神秘。在《眨眼之间》中，我试图去理解这两秒钟。当进行快速认知的时候，我们的大脑里发生了什么？什么时候瞬间决断是好的，什么时候又是坏的？我们能做些什么来增强自己快速认知的能力？

眨眼之间产生的想法怎么会如此有用呢？我们难道不是在花时间仔细评估了所有手头的相关信息之后才能做出最佳判断吗？

当然，我们总是听到这种说法。我们身处的社会笃信这样一种观念：只有尽可能多地汇集信息、尽可能多地花时间思考，我们才能得到更好的结果。在孩提时期，我们就被反复地灌输“欲速则不达”“三思而后行”“停下来想一想”等理念。但我认为我们对此不能一概而论。我们面临的情况是多种多样的，特别是在高压的形势下，欲速则不会不达。这个时候，瞬间决断和第一印象反而是我们理解周围世界的更好的途径。

我在《眨眼之间》里讲述过一个关于芝加哥最大公立医院——库克郡医院急诊医生的故事。几年前，这家医院改变了心脏病的诊断方法，让医生得以凭借较少的患者信息对其进行诊断。他们鼓励医生忽略患者的年龄、体重和既往病史等信息，仅仅基于胸痛患者的少数几个关键数据进行诊断，比如血压和心电图。你猜怎么样？库克郡医院现在是全美国最好的心脏病诊断医院之一。

要说服库克郡医院的内科医生同意这种做法真的很难，但这不足为奇，因为他们和我们一样，坚信更多的信息总是有帮助的。不过，我在《眨眼之间》一书里提到过的很多案例都证明了这个观点并不正确。心理学中有一个很棒的词，叫作“薄片分析法的力量”，即作为人类，我们能够基于最“薄”的经验“切片”理解自己所处的局面。在《眨眼之间》这本书中，我用了一整章的篇幅讲述了“薄片分析法”的技能有着怎样的令人难以置信的强大作用。我必须要说，直到现在我都觉得那一章里有些案例真的太令人不可思议了。

你说的是关于“薄片分析法”的反面案例。警察对你妄下判断，结果却是错的。《眨眼之间》这本书有没有讲到什么时候快速认知会错判？

有。这也是本书的一个重要部分。我对找出需要我们对快速认知的力量特别小心的情形很有兴趣。比如，有一章里我讲到了个子高对一个人来说意义何在。我咨询了几百家在美国的世界五百强企业，问他们的首席执行官有多高。答案是他们几乎都很高。这就奇怪了。身高与智力、判断力，以及激励和领导他人的能力之间并无关联。但出于某种原因，这些企业几乎都选择了高个子的人担任领导角色。我认为这就是一个关于快速认知的反面案例：我们会在会议刚开始的几秒内就倾向于认为个子高的人更能胜任领导岗位，就像那些警察看了看我的头发就认为我长得像嫌疑人一样。我将之称为“沃伦·哈丁假象”（你要在读了《眨眼之间》这本书之后才知道为什么这样说），而且我相信，在任何情况下，我们都会犯这个错误，特别是在招聘员工的时候。在《眨眼之间》中，我试着帮助读者区分快速认知的好坏。

《眨眼之间》是一本什么类型的书？

《引爆点》问世的时候，我也总是被问到这样的问题，但一直都没有想到一个好的答案。我能给出的最佳解读就是这是一个关于“智力冒险”的故事。对于《眨眼之间》，我也会做出同样的描述。本书中有许多关于心理学的内容。事实上，它的核心内容来自心理学中的一个全新而特别的领域，目前在该领域几乎没有针对普通读者的相关书籍。但在本书中，这些理念通过来自社会各个角落的故事得到了阐释。此外，我在前四章中还讨论了婚姻、“二战”密码破译、古希腊雕塑、新泽西最佳汽车经销商、汤姆·汉克斯、闪电约会、医疗事故、如何打出正手上旋球，以及参观别人的卧室能得到什么信息等话题。所以，是什么成就了《眨眼之间》？我希望是趣味。

你希望读者从《眨眼之间》中学到什么？

我想，我只是希望人们能够认真地看待快速认知。当谈及约会这类话题的时候，我们都承认，两人四目相对的一瞬间尤为重要。但当某人有了一个新点子，或者当我们面试某人，或者当一位将军不得不在激战正酣之时做出抉择时，我们就不再承认前两秒的重要性了。

《引爆点》关注的都是宏大的主题，试图找出社会变革背后的规律。而《眨眼之间》则与其截然不同，它关注的是我们日常生活中最细小的组成部分，也就是当我们与陌生人见面，或者遇到一个棘手的情况，或者在压力下做出决定时，大脑中那些快速冒出的印象和结论的内容及根源。我认为，是时候更多地关注那些稍纵即逝的瞬间了。我觉得，如果我们这样做的话，它将会改变战争的方式、货架上的产品门类、电影的类别、训练警察的方式、夫妻咨询的方式、职业面试的方式等等。而如果你把所有的小变化都结合起来，就会迎来一个全新的、使人更加快乐的世界。

（何珊　译）

致谢

在我开始写作《眨眼之间》一书前，我蓄起了长发。我从前的头发剪得很短，看上去很守旧。但当时我却心血来潮地任头发疯长，留成了我十几岁时的那个样子。眨眼之间，我的生活发生了微妙而又重大的变化：从未被开过罚单的我，因为超速被罚款，还在机场从等待安检的队伍里被拽了出来接受特别检查。有一天，我正沿着曼哈顿中心的第十四大街步行，一辆警车突然靠着人行道停下，从里面跳下来三名警官。原来，他们正在寻找一个强奸犯，而据他们说，那个强奸犯跟我有几分神似。他们取出了一张附有特征说明的素描画，我看过之后，尽可能友善地向他们指出，那个强奸犯长得和我一点都不像。他比我强壮且高大许多，还比我年轻了差不多 15 岁（我还试着幽默了一把，告诉他们这个人绝对没有我帅，可他们对我的笑话没什么反应）。我和那个强奸犯唯一的相同点就是都有一头蓬乱的卷发。20 分钟过后，警官们终于同意放我走了。我知道，从大的方面来看，这个误解只不过是鸡毛蒜皮的小事，非裔美国人遭受的侮辱时有发生，性质要比这恶劣得多呢。而真正引起我注意的，是这次误解中安在我头顶的种族模式化观念之荒谬：这并不是由于我的肤色、年龄或身高、体重等一目了然的信息引起的，而是由于我的发型。由我发型之中的某种东西引发的第一印象，扰乱了搜寻强奸犯的警官们对所有其他因素的考虑。那次在街上的遭遇让我思考起第一印象的神奇力量，而这些思考造就了《眨眼之间》的诞生。因此我认为，在感激其他人之前，我应该先好好谢谢那三位警官。

现在是正儿八经致谢的时候了。感谢《纽约客》周刊的编辑戴维·雷姆尼克非常宽宏大量地准许我离职一年潜心写作本书，真希望每个人都能拥有像他这么开明的好上司。在《引爆点》（*The Tipping Point*）出版时就把我宠得像个王子一样的利特尔 & 布朗出版社，这次也照旧对我宠爱有加，谢谢你们。还要感谢：迈克尔·皮奇、杰夫·桑德勒、希瑟·费恩以及我最应该感谢的比尔·菲利普斯，谢谢你娴熟细心且毫无怨言地把我一团乱麻似的原稿整理得井井有条，我甚至都打算给我的大儿子起名为比尔了。许多好朋友都在本书成形前的各个阶段阅读了原稿，并给予了我宝贵的建议，他们是：萨拉·莱尔、罗伯特·麦克拉姆、布鲁斯·黑德勒姆、德博拉·内德勒曼、雅各布·韦斯伯格、佐耶·罗森费尔德、查尔斯·伦道夫、珍妮弗·沃弛特尔、乔希·利贝尔松、伊莱恩·布莱尔以及塔尼娅·西蒙。埃米莉·克罗尔帮助我完成了公司总裁的身高调查，乔舒亚·阿伦森和乔纳森·斯库勒慷慨地与我分享了他们的学术成果。感谢 Savoy 食品公司优秀的员工们允许我在他们靠窗的桌旁度过了一个个漫长的下午。感谢凯思林·莱昂给我带来的快乐和健康。感谢我最喜爱的摄影师布鲁克·威廉姆斯为我拍的作者照。另外，我还要向一些人送上特别的感谢：特里·马丁和亨利·菲德尔为《引爆点》以及本书的早期原稿写了详细而精辟的批评建议，能有这样两个出色的朋友，我真是三生有幸。苏济·汉森和无可替代的帕梅拉·马歇尔让书中的文字变得清晰简练，她们还帮我更正了文章中的错误，帮我避免了许多尴尬。说到蒂娜·贝内特，我觉得她要么应该被任命为微软的总裁或者去参加总统竞选，要么就应该把她的博学机智和豁达大度用在解决世界问题上——但如果那样，我就没有经纪人了。最后，还要感谢我的父母乔伊丝和格雷厄姆·格拉德威尔，他们用专注、真诚和挚爱阅读了本书，这是非父母不能的阅读方式。谢谢你们。